# 干旱区湖泊流域水资源变化及其
# 对生态安全的影响

王月健　著

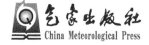

气象出版社
China Meteorological Press

## 内 容 简 介

艾比湖位于新疆西北部,是我国向西开放的重要通道。近 60 年来,受气候变化、人口急剧增加及流域内灌溉面积扩大的影响,艾比湖入湖水量、湖泊面积、储水量锐减。由于流域水资源的过度开发,艾比湖的生态环境恶化对流域周边乃至北疆地区的社会经济可持续发展产生了严重的影响。本书以新疆西北部的艾比湖流域为研究区,基于水文、气象、土地利用、植被、社会经济以及相关的文献资料和数据,采用数理统计、遥感、GIS 结合实地调查、生态监测等方法,分析了气候因子和人类活动影响下,1960—2015 年流域地表径流、绿洲灌区社会经济用水和入湖水量的变化特征;探讨了水资源变化引发的主要生态安全问题,并从生态服务价值的视角进行了生态安全评价,估算了维系流域生态安全的生态需水量;提出了实现流域水资源可持续利用的相关策略。

本书可供资源环境及相关专业本科生、研究生学习参考,也可为相关专业教师、科研工作者提供参考。

**图书在版编目(CIP)数据**

干旱区湖泊流域水资源变化及其对生态安全的影响 /
王月健著.--北京:气象出版社,2020.9
ISBN 978-7-5029-7354-4

Ⅰ.①干… Ⅱ.①王… Ⅲ.①干旱区-湖泊-流域-
水资源管理-新疆②干旱区-湖泊-流域-水资源-影响
-生态安全-研究-新疆 Ⅳ.①TV213.4②X321.245

中国版本图书馆 CIP 数据核字(2020)第 257749 号

**干旱区湖泊流域水资源变化及其对生态安全的影响**
Ganhanqu Hupo Liuyu Shuiziyuan Bianhua Jiqi dui Shengtai Anquan de Yingxiang

| | |
|---|---|
| **出版发行:**气象出版社 | |
| **地 址:**北京市海淀区中关村南大街 46 号 | **邮政编码:**100081 |
| **电 话:**010-68407112(总编室) 010-68408042(发行部) | |
| **网 址:**http://www.qxcbs.com | **E-mail:**qxcbs@cma.gov.cn |
| **责任编辑:**王萃萃 | **终 审:**吴晓鹏 |
| **责任校对:**张硕杰 | **责任技编:**赵相宁 |
| **封面设计:**楠竹文化 | |
| **印 刷:**北京中石油彩色印刷有限责任公司 | |
| **开 本:**787 mm×1092 mm 1/16 | **印 张:**6.25 |
| **字 数:**195 千字 | |
| **版 次:**2020 年 9 月第 1 版 | **印 次:**2020 年 9 月第 1 次印刷 |
| **定 价:**35.00 元 | |

# 前言

艾比湖位于新疆西北部,是奎屯河、精河、博尔塔拉河等河流的尾闾,是准噶尔盆地西南缘的最低洼地和水盐汇集中心,也是天山北坡重要的水汽通道和风沙策源地,为典型的干旱区湖泊湿地生态系统。近60年来,艾比湖流域主要由于水资源过度开发,出现了土地荒漠化加剧、植被衰败、艾比湖干缩等一系列生态安全问题。本书综合运用气象学、水文学、管理学等多学科的理论,充分考虑气候变化与人类活动的影响,采用遥感和GIS技术、生态水文监测、模型模拟等方法,分析了流域地表径流、绿洲灌区用水和入湖水量的变化特征与规律;探讨了水资源变化引发的生态安全问题并估算了维系流域生态安全的生态需水量,提出了实现流域水资源可持续利用的策略。本书对于理解和掌握干旱区水文水资源变化规律、流域生态安全研究具有重要意义,并为干旱区的水资源合理利用和生态治理提供技术支撑和典型示范案例。

《干旱区湖泊流域水资源变化及其对生态安全的影响》一书是作者十多年来从事水文水资源变化学习、教学和研究的成果结晶。王月健负责本书总体框架的设计,并完成主要章节内容的撰写和全书的校对,同门姚俊强副研究员、孟现勇副教授对本书部分内容的写作提供了宝贵的意见,徐海量研究员为本书的学术顾问,研究生廖娜、藏艳艳参与了图件、参考文献的整理和校对工作。

全书共分8章内容。其中,第1章为绪论,主要是文献的综述、研究的目标、内容、关键的科学问题、技术路线等,并提出研究的创新与特色;第2章主要对流域的区位、气候水文和社会经济状况和研究的方法进行全面的说明和介绍;第3章为艾比湖流域地表径流变化规律及其对气候变化的响应,主要分析流域的两大水系——精河和博尔塔拉河的月、年及周期变化规律,并比较分析了流域气温、降水、潜在和实际蒸散发等气候因子对径流的影响;第4章为艾比湖流域地表径流情景模拟及分析,主要基于CMADS驱动数据并结合SWAT模型建立艾比湖流域径流模拟模型,并模拟气候变化和土地利用情景下精河、博尔塔拉河径流的变化规律;第5章主要分析人类活动对艾比湖流域绿洲灌区水资源及入湖水量的影响;第6章首先分析了流域水资源变化引发的生态安全问题,并在此基础上进行了流域生态安全评价;第7章采用相关方法分别估算了天然植被、尾闾湖、河道和人工植被的生态需水量,并提出了实现流域水资源可持续利用的相关策略;第8

章总结了研究成果和不足,并提出了后续的研究展望。

本书的研究工作得到国家自然科学基金项目(41661040)的资助。书稿完成历时将近 6 年,在写作过程中,我的同事、家人、朋友们给予了莫大的鼓励,我的学生也给了有益的帮助,在此一并表示由衷的感谢!

本书可作为资源环境类本科生、研究生的学习资料,也可供相关专业教师、科技工作者参考。

由于作者水平有限,书中错误和纰漏在所难免,敬请读者批评与指正。

著　者

2020 年 9 月

# 目录

前言

第 1 章 绪论 ……………………………………………………………………………………… (1)

1.1 研究背景、目的和意义 ………………………………………………………… (1)

1.2 艾比湖流域的水资源及生态安全相关问题研究 ………………………… (3)

1.3 研究述评 …………………………………………………………………………… (4)

1.4 关键科学问题 …………………………………………………………………… (4)

1.5 研究目标与创新点 ……………………………………………………………… (5)

1.6 研究内容与技术路线 …………………………………………………………… (6)

1.7 本章小结 …………………………………………………………………………… (8)

第 2 章 研究区概况与研究方法 ……………………………………………………………… (9)

2.1 自然环境概况 …………………………………………………………………… (9)

2.2 水资源状况 ……………………………………………………………………… (10)

2.3 社会经济概况 …………………………………………………………………… (13)

2.4 研究思路、方法与数据资料 ………………………………………………… (13)

2.5 本章小结 ………………………………………………………………………… (23)

第 3 章 流域地表径流变化规律及其对气候变化的响应 ……………………………… (24)

3.1 研究思路 ………………………………………………………………………… (24)

3.2 流域地表径流多尺度变化分析 ……………………………………………… (24)

3.3 流域降水量变化分析 …………………………………………………………… (32)

3.4 流域气温变化特征 ……………………………………………………………… (35)

3.5 艾比湖流域蒸散发量变化特征 ……………………………………………… (37)

3.6 径流对气候变化的响应 ………………………………………………………… (40)

3.7 本章小结 ………………………………………………………………………… (44)

第 4 章 流域地表径流情景模拟及分析 …………………………………………………… (45)

4.1 研究思路 ………………………………………………………………………… (45)

4.2 径流多尺度模拟 ………………………………………………………………… (45)

4.3 不同气候情景下的径流模拟 ………………………………………………… (47)

4.4 不同土地利用情景下的径流模拟 …………………………………………… (49)

　　4.5　本章小结 ································································ (50)

**第5章　人类活动对流域灌区水资源及入湖水量的影响** ············· (52)

　　5.1　研究思路 ································································ (52)

　　5.2　绿洲灌区水资源变化特征 ············································· (52)

　　5.3　入湖水量变化分析 ····················································· (58)

　　5.4　本章小结 ································································ (63)

**第6章　流域水资源变化对生态安全的影响** ··························· (64)

　　6.1　研究思路 ································································ (64)

　　6.2　土地利用/覆被变化分析 ··············································· (64)

　　6.3　流域水资源变化的生态安全问题分析 ·································· (66)

　　6.4　流域生态服务价值评价 ················································ (76)

　　6.5　本章小结 ································································ (76)

**第7章　流域生态需水量估算及水资源可持续利用策略分析** ········· (78)

　　7.1　研究思路 ································································ (78)

　　7.2　流域生态需水量估算 ··················································· (78)

　　7.3　流域水资源可持续利用的策略及途径 ·································· (83)

　　7.4　本章小结 ································································ (85)

**第8章　结论与展望** ···················································· (86)

　　8.1　研究结论 ································································ (86)

　　8.2　不足与展望 ····························································· (87)

**参考文献** ····························································· (89)

# 第1章 绪论

## 1.1 研究背景、目的和意义

### 1.1.1 研究背景

水是人类发展生产力、进行粮食生产、提高生活质量和水平以及维持生态系统平衡的最基本保障,人类社会的发展与水资源息息相关(杨丽英 等,2012;夏军 等,2008)。受全球变暖的影响,干旱区成为气候变化最敏感的区域,这导致了干旱、暴雨、暴雪等各类极端天气频发,区域性缺水、洪水暴发、泥石流等灾害现象呈增加趋势,水资源的不确定性问题有所增加(刘昌明,2002;邓伟 等,1999)。

IPCC(政府间气候变化专门委员会)于2007年的一项研究结果表明:从1960年以来,全球平均地表气温上升了0.40~0.8 ℃(Wilk et al.,2002),积雪减少了10%,河流和湖泊的冻结季节减少了两周(Marie et al.,2010)。降水量和温度的微小变化通常在统计学上并不显著,但是对河流径流影响非常显著。全球气温升高导致了区域水循环加快、降水增加,季节性干旱、洪涝等灾害发生的频率更为频繁(张月鸿 等,2008;张爱静,2013;赵文智 等,2001;叶茂 等,2012)。与此同期,过去60年中国西北干旱区的温度以0.039 ℃/a的速度在上升,降水以1 mm/a的速度在增加,这是全球平均水平的2.78倍和中国平均水平的1.39倍,成为全球气候变化最敏感的区域(Ohmura,2002;IPCC,2007,2013;Camilo et al.,2013;NOAA,2013;Solomon et al.,2007)。未来的气候变暖将加剧西北干旱地区水资源短缺的情形,使得干旱区的生态安全威胁越来越明显,生态环境将持续退化(王让会 等,2001;李香云 等,2002;陈亚宁 等,2004;高前兆 等,2002)。

另一方面,人类活动通过修建水库和渠系、跨流域引调水、灌溉农田作物、构造建筑物等行为改变了区域土地利用与土地覆盖变化(LUCC)过程,进而引起水资源的量、质和时空分布变化,改变了水文循环过程(丁一汇,2008;施雅风 等,2002;李栋梁 等,2003)、陆表下垫面的结构及局地气候。人类活动对水资源的影响已从某单一河流扩大到多个流域,从最初仅影响地表水扩展到大气圈、水圈、土壤圈等多个圈层系统。不合理的土地利用行为和极端气候变化将威胁到人类的生活和环境,水资源极易受到这些变化的影响。自新中国成立以来,西北干旱区的灌溉水资源利用程度不断提高,绿洲规模迅速扩大,社会经济发展也出现了长足的进步(凌红波 等,2012)。许多微观经济和计量经济学者的研究表明,发展农业灌溉对于改善农村贫困和经济发展不平衡的重要性是不言而喻的,也是决定农户收入的一种积极性因素(Zhou et al.,2009)。然而,由于干旱区水资源是有限的,水资源需求压力越来越大,水资源供需不平衡加剧了上游和下游之间、农业与市政、工业部门的冲突(周海鹰,2014)。

艾比湖流域是典型的干旱区湖泊—河流湿地生态系统,流域内的尾闾湖—艾比湖是天山北坡西部的水盐汇集地(杨川德,1992;许威,2015;Wang et al.,2017)。自晚更新世以来,干旱区气候长期处于暖干化,是艾比湖发生萎缩的根本原因;然而,另一方面,近60年来的人类活动,如人类在流域进行引水、修渠、建坝,开荒种地,发展工农业生产是导致艾比湖急剧干缩的重要诱因(阎顺,1996;王前进 等,2003;武进军 等,2003;苏宏超 等,2006)。很明显的事实就是自20世纪70年代起,流域东部的奎屯河、古尔图河等河流在上、中游进行了大规模的水利开发和农田灌溉,几乎已无地表径流进入艾比湖,目前仅靠精河和博尔塔拉河两大水系的水能够长期保持注入艾比湖。由于流域水资源的过度开发,生态与生产和生活用水比例失衡,引发了尾闾湖干缩、天然植被大面积的衰败甚至消亡、土地盐漠化加剧等生态退化问题(Li et al.,2013;杨青 等,2003;胡汝骥 等,2005;张建云 等,2009;刘昌明 等,2003;雷志栋 等,2003;覃新闻,2011;李元红 等,2013;肖生春 等,2008;刘时银 等,2006),艾比湖的生态环境恶化对流域周边乃至北疆地区的社会经济可持续发展产生了严重的威胁。为此,迫切需要开展流域水资源变化、流域生态安全格局演变及流域生态需水量估算及调控的相关研究。

## 1.1.2　研究目的

本研究拟开展艾比湖流域水资源与气候变化、生态安全、生态需水及水资源可持续利用等方面的研究。旨在掌握气候变化与人类活动影响下,流域地表径流、灌区社会经济用水和入湖水量的变化特征与规律;分析水资源变化引发的生态安全问题,并且估算维系流域生态安全的生态需水量;探究流域水资源可持续利用的策略,为保障流域的生态安全提供客观、科学的指导建议以及理论上的依据。

## 1.1.3　研究意义

自20世纪80年代起,由于干旱区干旱期(每年10月至次年5月)的降水量有限,过度的城市化,大量的地下水被开采用于工农业生产,致径流迅速减少或枯竭。而径流的减少又往往会引发生态和环境灾害,如物种数量减少,水质恶化,水道通航能力的下降等。以脆弱生态区——新疆艾比湖流域为例,开展气候变化和人类活动影响下水资源的变化对流域生态系统安全的影响有重要意义,并进一步丰富干旱区生态水文学的研究内容。

从"水高效、多重、综合利用"的角度出发,提出维系艾比湖流域生态安全和水资源可持续的策略和实现途径,可以有效解决社会生产与生态环境保护间的冲突和矛盾,生活与生态、地方与兵团的"水和谐",上、中、下游间水量的再分配,产业、行业与部门间水资源的合理配置和平衡等问题,具有十分重要的社会、经济价值。

艾比湖是准噶尔盆地的生态安全屏障,倘若艾比湖持续萎缩甚至消失,会引发严重的生态灾难,影响国家和新疆若干重大战略规划的顺利实施,后果不堪设想……因此,进行艾比湖流域水循环演变过程、生态安全评估及生态需水量估算等研究,可以为干旱区的生态保育提供技术支撑和典型示范案例。

## 1.2 艾比湖流域的水资源及生态安全相关问题研究

### 1.2.1 流域的水资源问题

(1)水资源过度开发且分配不均

流域当前的人均水资源量为 4611.53 m³,为世界人均值的 58.37%,属于水资源匮乏区。但当前的引水量已占水资源总量的 62%以上(2014 年甚至高达 69.88%),水资源的开发利用程度已经突破国际河流和新疆内陆河开发的警戒线(分别为 40%和 50%)。水资源的地域、季节、行业与部门间的分配极不均衡,如由于上游引水过多,导致下游来水很少,靠近沙漠的地区下游几乎无法引地表水,导致天然植被衰败明显(李艳红,2006);精河的径流集中在 6—8 月,博河则集中于 12 月至次年 3 月,导致春、夏灌溉时常缺水,影响作物生长和产量(谢正宇 等,2009);农业用水比例超 95%以上,工业、生活和其他用水不超过 1.00 亿 m³,生态用水无法保障。

(2)水灾害频发,水危机加重

由于流域严酷的地理环境,加之人为的原因,导致流域洪水、旱灾等灾害频繁,造成严重的经济损失(杨青 等,2003),如 1998 年,精河县的洪灾冲毁农田 214 hm²,46 户居民房被淹,经济损失 586.40 万元,1998—2004 年的洪水造成损失近 3572.34 万元,博河的洪灾也较为严重,如顾里木图沟每年都有居民房屋和农田被毁,1992—2002 年因洪水经济损失约 6045.47 万元。2015 年 7—8 月北疆地区的旱灾也波及博尔塔拉蒙古自治州(简称"博州")大部分地区,造成作物减产 28.92 万 t,3.52 万人饮水困难,经济损失超 20.88 亿元。流域未来的人口增长和经济规模的扩张必然加重水资源的利用程度,水安全隐患严重。

(3)水质恶化,水污染加重

流域的许多污废水直接进入地表,导致水污染,水质恶化。《博尔塔拉蒙古自治州 2015 水资源公报》显示,仅 2015 年流域的废水排放总量达 1550.57 万 t,其中,城镇居民生活污水和工业废污水排放量分别为 1045.30 万 t 和 504.27 万 t,尾闾湖区的水质已超过劣 V 类的标准。

(4)水资源利用效率低且分割开发利用

流域的许多水利设施已老化,渠道防渗能力差,导致次生的土壤盐渍化加剧,平原水库蓄水能力和抗洪能力都较低(Abuduwaili et al.,2008;贾宝全,1997)。流域的部分农田还采用大水漫流的灌溉方式,毛灌溉定额为 7.30×10⁴ m³/hm²,灌溉水有效利用系数仅为 0.58。城镇居民使用自来水无节制,部分乡村居民随意打井抽取地下水浇灌菜地等,这严重浪费了水资源。另外,有限的水资源被分割开发利用,如水电部门在上游进行水力发电,水文部门进行水文勘测、径流监测、水库选址、水质化验等,水利部门主要进行人工渠道、农灌区水利设施的修建等,流域管理处主要负责精河、博乐、温泉和阿拉山口及新疆生产建设兵团第五师的水量分配,除此之外,政府的社会经济部门,如工业、农业、国土、环境保护等部门与流域水资源也有关系,众多管理部门的管理权限分割,在一定程度上影响了水资源统一高效管理及高效利用。

(5)水权不清,水市场失灵,水冲突加剧

长期以来,由于水权不清,导致水资源形成"公共物品"的理念。流域上、中游大规模开发利用水资源,而不顾及下游的用水,重视农业用水而忽略生态用水……水资源的权属关系混乱。另外,不同水利益主体和集团争相利用水资源,几乎无市场配置,这导致有限的水资源愈发脆弱(丁渠,2008;许怡 等,2008)。由于流域水资源紧缺,水资源冲突不断加剧。近年来,流域水事纠纷呈现增长趋势。据统计,仅在 2014 年,流域处理水事违法案件 38 起,关闭机电井20 眼,收缴处罚款近 20.89 万元。

### 1.2.2　流域的生态问题

艾比湖储水量已由 30.86 亿 m³ 减少到 7.12 亿 m³ 左右,奎屯河等河流已经长期断流,与艾比湖失去了直接的地表联系,导致湖泊来水量大幅度减少;滥砍滥伐和过度放牧引发森林和草场退化明显,天然植被大面积衰败;无序开荒扩张耕地导致地下水超采严重、土壤盐分增加,沼泽地干枯,湖区水质恶化;由于整体生态环境的恶化又导致许多耕地被迫弃耕,开荒、弃耕、撂荒、易地再开荒的恶性循环造成的后果不仅浪费了大量的后备土地资源,而且直接破坏了原有的地表荒漠植被,加剧了土地的沙化过程,干涸的湖底大片沦为盐漠(于雪英 等,2003;吴敬禄 等,2004)。

## 1.3　研究述评

受全球气候暖湿化的影响,近年来准噶尔盆地的气温升高和降水量增加明显。但以往的研究主要关注艾比湖流域径流变化及其对气候变化的响应,涉及年径流多尺度变化及模拟的研究成果较少。在研究方法上,许多研究仅利用关联检验探讨了流域径流与气候的整体相关性,而不区分径流量与气候因子在多时间尺度下的相关关系及在某个时间段的相关显著性。本研究综合利用 Mann-Whitney 检验、Hurst 指数等方法,综合分析艾比湖流域气温、降水和径流间的变化关系,这在其他的报道中并不多见。

近年来,针对区域生态需水量的估算,学者们利用水量平衡法、面积定额法、遥感反演等方法进行了大量研究。但是,不同的方法有自身的适用性和局限性。如水量平衡法难以从植物本身需水的角度来估算生态需水;面积定额法适用于类型较为均匀且单一的植被;遥感反演技术由于影像资料分辨率及时效性等问题,对植被的地下部分及乔、灌、草本生物量的估算精度较差……本研究考虑到艾比湖流域面积广大,生态需水类型不同,采用多种方法相结合估算流域的生态需水量,从而弥补了单一方法的缺陷,可以为准确计算干旱区内陆河流域的生态需水量提供一种新的思路。

众多学者对艾比湖流域的湖面萎缩、土地荒漠化、植被退化等方面进行了有意义的探索,但对于“流域生态环境演变与水资源变化关系”的探讨还不够深入。本书从“水资源变化”的视角出发,认为地下水位下降、水质恶化、天然林草衰败等生态安全问题是由于流域的农业灌溉用水过多、水资源配置不合理、生态需水长期得不到保障所导致,并估算维系流域生态安全的生态需水量和提出流域水资源可持续利用的相关策略,有关此方面进行长时间尺度、全面分析的研究还比较鲜见。

## 1.4　关键科学问题

艾比湖流域的环境退化问题已经引起了学界、政府、媒体乃至公众的广泛关注,为扭转艾比湖生态的恶化情形,国家及博州的地方政府部门在流域实施保护梭梭林、湿地、北鲵等相关生态保护工程,众多的研究人员在艾比湖地区开展了梭梭林及胡杨需水、湖泊环境保护、盐尘暴防治等方面的研究(贾春光 等,2006;何学敏 等,2017;吴佩钦,2005),并取得了一定的进展。然而,还有一些关键问题待解决:(1)气候变化和人类活动影响下,艾比湖流域地表径流、绿洲灌区用水和入湖水量在不同的时间尺度(月、年、周期等)变化的规律性;(2)艾比湖流域水资源变化诱发的生态安全问题、生态安全状况及演变趋势;(3)维系艾比湖流域生态安全的生态需水量估算及水资源可持续利用的策略。本研究将针对上述科学问题开展研究。

本研究的三个关键科学问题在内容上联系紧密,有较强的逻辑关系。如科学问题(1)首先分析三个水文站的径流和气温、降水、潜在、实际蒸发等气候因子的变化关系,并采用 SWAT 模型对径流的变化规律进行模拟,进而从人类活动影响出发,分析绿洲灌区和入湖水量的变化情况,本科学问题系统研究从出山口到入湖口间的水资源转化和耗散规律;科学问题(2)从系统分析的角度,对流域的生态格局演变进行了分析,探讨了水资源变化对流域生态安全的影响;科学问题(3)则是为维系流域的生态安全,估算了流域的生态需水量,并提出了实现流域水资源可持续利用的途径和对策。

## 1.5 研究目标与创新点

### 1.5.1 研究目标

针对艾比湖流域存在的水资源不合理利用与生态安全问题,综合运用气象学、水文学、管理学等多学科的理论,在充分考虑气候与水文变化、人类活动的影响下,采用遥感和 GIS 技术、实地调查、生态水文监测、模型模拟等方法,分析流域地表径流、绿洲灌区用水和入湖水量的变化特征与规律;探究流域水资源演变引发的生态安全问题并评价;估算维系流域生态安全的生态需水量,提出实现流域水资源可持续利用的策略。

### 1.5.2 创新点

(1)以"水"为主线,系统分析了干旱区典型湖泊流域水资源的形成、转化和耗散分布规律。研究认为近 60 年来,艾比湖流域的气温、降水量和实际蒸发量均呈显著增加趋势,但潜在蒸散发量呈减少的趋势;相比较于气温,降水对径流的影响更为显著;由于农业灌溉用水的不断加大,导致夏季入湖的流量比冬季减少很多,这是引发湖区环境退化的重要原因……上述研究结论可靠、可信,符合艾比湖流域的实际情况。本研究对于理解和掌握干旱区水文水资源变化规律、流域生态安全研究具有重要意义,这是本研究的第一大创新。

(2)采用 SWAT 模型结合中国大气同化驱动数据集(CMADS),分别模拟了 8 类气候变化情景和 3 类土地利用变化情景下的流域上游径流变化过程。该模拟改进了 SWAT 模型的不足之处,提高了模拟的精度,模拟结果对于揭示西北干旱区以冰雪融水补给为主的径流变化机理有重要的参考价值,这是本研究的创新点之二。

(3)探讨了干旱区流域水资源变化与生态安全的关系。由于流域的农业灌溉用水过多,挤压其他类用水空间,导致水资源配置不合理、生态需水长期得不到保障从而引发了湖泊干缩、天然林草衰败、荒漠化程度加剧等生态安全问题,并据此估算维系流域生态安全的生态需水量和提出流域水资源可持续利用的相关策略。本研究可以丰富干旱区水文水资源的研究理论,并为干旱区的水资源合理利用和生态治理提供技术支撑和典型示范案例,这是本研究的第三个创新点。

# 1.6 研究内容与技术路线

## 1.6.1 研究内容

结合研究的目标,主要开展以下研究内容。

(1)流域地表径流变化及气候因子响应分析

利用艾比湖流域气象、水文和社会经济等数据资料,借助非参数检验、小波分析、Hurst 指数等方法,分析近 60 年流域地表径流(精河山口水文站、博乐水文站和温泉水文站)的变化特征及规律,对流域的气温、降水、潜在蒸散发和实际蒸散发等气候要素进行分析,比较气候因子对径流的影响程度差异并进行定量甄别。

(2)流域地表径流模拟

以研究内容(1)为基础,采用 SWAT 模型结合 CMADS,从年、月、日尺度对径流进行模拟并校准,在此基础上,分别模拟气温、降水变化的气候情景和土地利用情景下的径流变化规律。

(3)人类活动对灌区社会经济用水和入湖水量地表径流的影响

以研究内容(1)(2)为基础,分别采用相关方法,分析在人类活动的影响下,绿洲灌区的水资源消耗以及 4 个入湖口(90 团 4 连大桥、90 团五支渠、90 团总排水渠、82 团养殖场大桥)的流量变化特征(年、月尺度)及规律。

(4)流域水资源变化的生态安全问题分析及评价

以研究内容(1)(2)(3)为基础,分析水资源变化引发的一系列生态效应问题,如土地荒漠化、地下水位下降、冰川退化、尾闾湖干缩等,并且利用 1990—2015 年的土地利用数据,从生态服务价值的角度对流域的生态安全状况及演化进行评价。

(5)维系流域生态安全的生态需水量及水资源可持续利用策略研究

综合以上研究内容,采用相关方法对流域的天然与人工植被、河道与渠系、尾闾湖的生态需水量进行估算,并提出维系艾比湖流域水资源可持续利用的策略及实现途径。

## 1.6.2 技术路线

本研究技术路线见图 1.1。

## 1.6.3 总体框架

本书共 8 章,每章的大致内容如下。

第 1 章 绪论。主要是文献的综述、研究的目标、内容、关键的科学问题、技术路线等,并

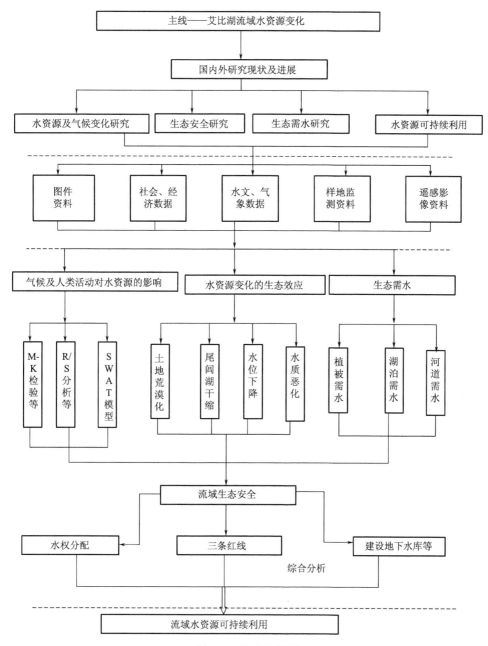

图 1.1 技术路线图

提出研究的创新与特色。

第 2 章 研究区概况与研究方法。主要对流域的区位、地形地貌、气候水文和社会经济状况进行介绍,同时对本研究的方法进行系统性的说明和介绍。

第 3 章 流域地表径流变化规律及其对气候变化的响应。主要分析艾比湖流域的两大水系——精河和博尔塔拉河的月、年及周期变化;比较分析流域气温、降水、潜在和实际蒸散发等气候因子对径流的影响程度差异,并定量甄别气候因子和人类活动对径流的影响程度。

第 4 章 流域地表径流情景模拟及分析。本章分三部分进行:一是基于 CMADS 驱动数据并结合 SWAT 模型建立艾比湖流域径流模拟模型;二是分别从年、月、日尺度对精河山口和温泉两个出山口水文站的径流进行模拟并校准;三是分别模拟气候变化和土地利用情景下,径流的变化规律。

第 5 章 人类活动对流域灌区水资源及入湖水量的影响。本章分两部分进行:一是绿洲灌区地表引水量、地下水开采量、作物耗水的变化特征;二是尾闾湖入湖水量的月、年变化等特征。

第 6 章 流域水资源变化对生态安全的影响。本章分两部分进行:一是流域生态效应及其与水资源利用的关系;二是生态服务价值评价。

第 7 章 流域生态需水量估算及水资源可持续利用策略分析。本章分两部分进行:一是采用相关方法估算维系流域生态安全的需水量,即分别估算天然植被、尾闾湖、河道和人工植被的生态需水量;二是提出实现流域水资源可持续利用的相关策略,如退地减水、合理分配水量和水权、开发水资源等。

第 8 章 结论与展望。总结研究成果和不足,并提出后续研究展望。

## 1.7 本章小结

本章主要对文献综述进行了梳理,提出了研究的科学意义,并且设计了具体的研究内容、方案、技术路线。

# 第 2 章　研究区概况与研究方法

## 2.1　自然环境概况

### 2.1.1　地理位置与地形地貌

艾比湖流域包括新疆博尔塔拉蒙古自治州管辖的博乐市、阿拉山口市、精河县、温泉县和新疆生产建设兵团第五师 81—91 的 11 个农牧团场,流域面积约 $2.49 \times 10^4 \, km^2$(奎屯河自 20 世纪 70 年代起开始断流,几乎无地表水直接注入艾比湖,本书的艾比湖流域即指精河、博尔塔拉河流域,见图 1.1)。流域按照地形海拔高低可以分为依次分为南部和西部山区、前山丘陵戈壁、河谷绿洲平原和荒漠尾闾湖区(于恩涛,2008)。

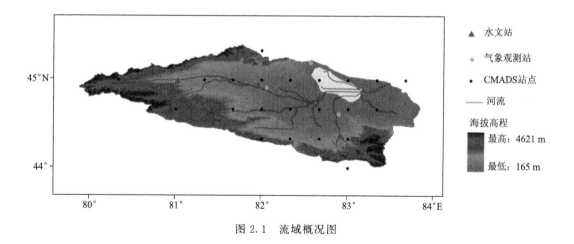

图 2.1　流域概况图

### 2.1.2　气候与水文特征

由于流域地处内陆干旱区,气候较为干燥。从山区到荒漠区,降水逐渐递减,多年平均值为 191.90~104.60 mm;气温和蒸发量($\varnothing$20 cm 蒸发皿)的分布则和降水相反,荒漠区最高,山区较低。气温多年平均值为 4.00~8.90 ℃;蒸发量多年平均值为 1146.52~4034.53 mm。

流域的河流主要来自精河与博尔塔拉河(以下简称博河)两大水系,年径流量较大的有精河、大河沿子河、阿恰勒河、博尔塔拉、乌尔达克赛河等。河流在出山口大都被人工修建的水库和渠系拦截,余水主要在冬闲期和洪水期由 90 团五支渠、90 团总排水渠、90 团 4 连大桥、82 团养殖场大桥 4 个入湖口进入艾比湖。主要河流在出山口处设有精河山口、温泉等水文站点

9

(图 2.2),以上诸河流在荒漠区耗散,形成尾闾—艾比湖。

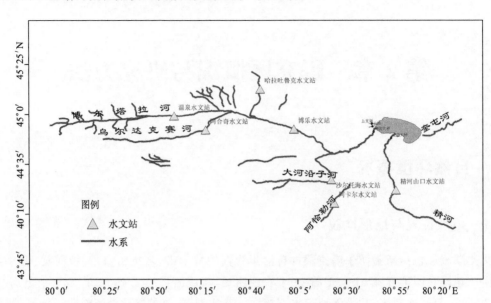

图 2.2　艾比湖流域主要水系、水文站点、入湖口和艾比湖示意图

### 2.1.3　生物与土壤状况

流域的天然植被主要有骆驼刺、白蒿、车轴草、枳芨草、梭梭、红柳、松树、胡杨、榆树等草类、灌木、乔木类植被;人工植被主要有棉花、枸杞、甜菜、玉米、小麦等农作物、杏树、苹果、葡萄、梨等林果类和防护林,动物主要有野生的鸟类、昆虫类、爬行类及家养的牛、羊、马、鸡等。

土壤类型主要有灰漠土、灌耕土、风沙土、灰棕漠土、草甸土和沼泽土等,由于气候的长期暖干化及流域本身的地域特征,部分区域的盐渍化和沙漠化较为严重。

## 2.2　水资源状况

### 2.2.1　降水资源

流域属大陆性干旱气候,降水稀少,多年平均降水量 90.9 mm。《博尔塔拉蒙古自治州 2015 水资源公报》显示,年降水量的变化幅度较大,在 $73.22 \times 10^8 \sim 81.62 \times 10^8$ m³ 之间。其中,山区的降水量约占总降水量的 3/4,绿洲平原和荒漠区约占 1/4。

### 2.2.2　冰川水资源

冰川是气候变化的指示计,更是我国西北地区重要的水资源,根据第二次冰川编目数据集可知(王圣杰 等,2011;刘时银 等,2015),流域大概 462 条冰川,面积约 302.76 km²,冰川总储水量 16.45 km³,冰川水的补给水量分别占精河、博河径流量的 20.6% 和 21.4%。受长期的气候变暖影响以及强烈的人类活动,冰川退缩明显。

## 2.2.3 地表水资源

根据流域地表水资源评价及水资源调查评估报告,地表水资源多年的平均值为 23.56 亿 $m^3$(热孜宛古丽·麦麦提依明,2016;许兴斌 等,2015)。其中,径流量超过 $0.10 \times 10^8$ $m^3$ 的河流有 20 条,另有数十条径流量较小的山溪河流。

## 2.2.4 地下水资源

流域的地下水资源主要来源于河渗、地下径流、渠渗、侧向地下水和井泉渗等转化补给和雨渗等天然补给。其中,天然补给量的年均值为 1.96 亿 $m^3$,转化补给量的年均值为 9.11 亿 $m^3$,年均补给总量为 11.07 亿 $m^3$(精河、博河水文报告数据)。

## 2.2.5 水利设施相关工程

(1)水库工程

流域目前在上游建有下天吉、沙尔托海、阿尔夏提等 6 座山区水库,在中下游地区建有江巴斯、塔斯尔海、八一等 8 座平原水库,水库的总库容 1.20 亿 $m^3$(水库具体情况见表 2.1),控制灌溉面积约为 14.12 万 $hm^2$。另有哈拉吐鲁克、牙马特、保尔德、下天吉水利枢纽二期四座水库。

表 2.1 艾比湖流域主要水库名称、库容及位置

| 水库名称 | 位置 | 库容(万 $m^3$) |
| --- | --- | --- |
| 阿尔夏提水库 | 温泉县山区 | 330.68 |
| 鄂托克赛尔水库 | 温泉县阿合奇水文站 | 2431.8 |
| 江巴斯水库 | 阿拉山口市 | 390 |
| 五一水库 | 博乐市城南 | 800 |
| 七一水库 | 博乐市城南 | 420 |
| 八一水库 | 博乐市城南 | 300 |
| 塔斯尔海水库 | 89 团 | 915 |
| 巩哈泉Ⅰ、Ⅱ、Ⅲ库 | 81 团 | 998 |
| 大库斯台水库 | 温泉南 70 km | 311.71 |
| 沙尔托海水库 | 精河县西 45 km | 998 |
| 下天吉水库 | 精河县南 28 km | 250 |
| 哈拉吐鲁克水库 | 哈拉吐鲁克河出山口处 | 2851 |

(2)引水、供水工程

流域在径流的出山口建有温泉渠首、精河渠首、哈拉吐鲁克渠首、阿尔夏提渠首等 10 余座引水渠首,通过渠系将水引至灌区;另外,由于流域灌溉面积高达 300 多万亩 *,农业用水的高峰期时,地表水无法满足,通过打机电井开采地下水保障农业灌溉。为保障工业、生活等需要,流域建有沙尔托海水库至五台工业园区、精河—阿拉山口、金三角工业园区等大型供水工程。

---

* 1亩 ≈ 666.67 $m^2$。

（3）渠系情况

流域的干、支、斗、农渠系四级体系较为发达，其中，干渠长度约 503.77 km（干渠情况见表 2.2）。

表 2.2　艾比湖流域主要干渠名称、长度、设计流量等概况介绍

| 干道名称 | 建成时间（年） | 设计流量（m³/s） | 实际过水能力（m³/s） | 长度（km） |
|---|---|---|---|---|
| 乌南干渠 | 1990 | 10 | 7.5 | 21.6 |
| 乌北干渠 | 1965 | 2.5 | 1.5 | 58.8 |
| 七一调水渠 | 2000 | 1.5 | 1.2 | 8.38 |
| 河托海干渠 | 1970 | 1.5 | 1.3 | 14.565 |
| 吾龙干渠 | 1971 | 1 | 0.85 | 9.502 |
| 新布哈干渠 | 1969 | 2 | 1.8 | 17.74 |
| 五一干渠 | 2008 | 3.5 | 2 | 7.81 |
| 佳木斯干渠 | 1987 | 14 | 6 | 4.16 |
| 新安格里克干渠 | 1984 | 6 | 6 | 5.7 |
| 老安格里克干渠 | 2007 | 2.7 | 3 | 8 |
| 博格达尔干渠 | 1960 | 2 | 1.8 | 11.6 |
| 二干渠 | 1962 | 3.5 | 3.7 | 21.6 |
| 新干渠 | 1975 | 2 | 1.2 | 8 |
| 老干渠 | 1967 | 1.8 | 1.2 | 6 |
| 西干渠 | 2003 | 1.5 | 1.2 | 6 |
| 北干渠 | 2005 | 2.5 | 2 | 9 |
| 新布哈干渠 | 1976 | 8 | 7.1 | 28.6 |
| 七一干渠 | 1977—1982 | 4 | 208 | 26.3 |
| 麦孜尔渠 | 1997 | 0.4 | 0.4 | 5.2 |
| 沙拉布河干渠 | 1990 | 1.8 | 2 | 14.9 |
| 小营盘干渠 | 1990 | 1 | 0.6 | 1.05 |
| 巴科克干渠 | 2000 | 1.5 | 0.6 | 3.5 |
| 夏吾台干渠 | 1990 | 1.5 | 2 | 12 |
| 阿里旺佰兴干渠 | 1987 | 0.4 | 0.4 | 6.58 |
| 哈拉吐鲁克干渠 | 1962 | 8 | 7.2 | 7.86 |
| 保尔德干渠 | 1962 | 9 | 7.2 | 11.2 |
| 星火干渠 | 1977 | 5 | 4 | 3.9 |
| 八十六团渠 | 1977 | 3.5 | 2.4 | 13.5 |
| 三干渠 | 1964 | 18 | 20 | 11.75 |
| 八十九团渠 | 1964 | 8 | 6.5 | 39.03 |
| 达镇干渠 | 1965 | 7 | 5 | 5.54 |
| 精河总干渠 | 1961 | 21.0 | 20.2 | 27.1 |
| 东干渠 | 1963 | 18.7 | 17.6 | 21.6 |
| 托里乡西干渠 | 1975 | 11.4 | 10.45 | 10.8 |
| 精河南干渠 | 1970 | 9.8 | 8.7 | 12.4 |
| 大河沿子干渠 | 1962 | 8.0 | 7.6 | 8.7 |

## 2.3　社会经济概况

艾比湖流域原为古老的游牧区,新中国成立之后,流域内进行了大规模的屯垦开荒种地行为,绿洲农业逐步兴起。目前,流域以农业生产为主的经济发展已经取得了巨大的进步。2015年末,流域的生产总值为 289.26 亿元,人口 47.98 万,灌溉面积约 $21.90 \times 10^4$ $hm^2$,大小牲畜近 171 万头。

## 2.4　研究思路、方法与数据资料

### 2.4.1　研究思路

本书的整体研究思路:以"基础前沿理论研究—艾比湖流域地表径流及其对气候变化的响应分析—流域绿洲农灌区和入湖水变化特征—流域水资源变化的生态效应及生态安全评估—维系流域生态安全的生态需水量估算—流域水资源可持续利用策略"为主线。

首先,本研究叙述了研究背景、目的和意义,梳理了国内外的相关研究进展,提出了本研究的科学问题,设置了具体的研究内容、技术路线,并对研究区——艾比湖流域的区位概况、社会经济情况及水资源特征进行了具体描述;然后,围绕"水资源变化"开展研究,分别分析流域地表径流、灌区和入湖水资源的变化特征。其中,在地表径流变化分析中,重点分析了三个水文站(精河山口、博乐、温泉)和气候因子(气温、降水、潜在蒸发、实际蒸发等)的变化关系,为进一步描述气候变化对水资源的影响,采用 SWAT 模型结合 CMADS 对径流的变化规律进行了模拟,水资源在出山口以下的耗散过程,重点分析了地表引水量、作物耗水、入湖水的变化特征等;在掌握"水资源变化"基础上,进而综合分析"流域水资源变化对生态安全的影响",即研究水资源变化引发的生态安全问题,并从生态服务价值的视角对流域的生态安全状况进行了评价;最后,估算了维系流域生态安全的生态需水量,并提出了水资源可持续利用的策略。

由于各个章节内容较多,采用的方法和思路也有所差异,本书在此介绍整体的研究思路,在具体的章节中,有详细的研究思路描述。

### 2.4.2　研究方法

(1)气象水文变化趋势分析

① 滑动平均法

该方法的原理为:假定有 $N$ 个数据序列,其值变化较为平稳,可以用式(2.1)来分析数据的变化趋势,从而估算其统计特征量(裴益轩 等,2001)。

$$f_k = y_k = \frac{1}{2n+1} \sum_{k=-n}^{n} y_{k+1} \quad k = n+1, n+2, \cdots, N-n \tag{2.1}$$

② 累积距平法

该方法的计算流程为:首先计算均值,各值与均值之差即为距平值,距平值的累加即为累积距平序列(施能,1995)。

$$LP_i = \sum_{i}^{n} (R_i - \overline{R}) \tag{2.2}$$

式中，$LP_i$、$R_i$、$\overline{R}$ 分别为距平累积值，年值和年均值。

③ 时间序列周期分析法——小波分析

该方法主要用来分析气候与水文序列周期变化特征(桑燕芳 等,2013),其公式为：

$$\varphi_{a,\tau}(t) = \frac{1}{\sqrt{a}} \varphi\left(\frac{t-\tau}{a}\right) \quad a,\tau \in R, a > 0 \tag{2.3}$$

式中,$a$、$\tau$、$\varphi(t)$ 分别为伸缩因子、平移因子和子小波。

④ Mann-Kendall 非参数检验

Mann-Kendall 法是一种非参数统计方法(Mann,1945;Kendall,1975),原理为：假设有一时间序列：$x_1, x_2, \cdots, x_n$ 构造秩序列 $r_i$,$r_i$ 表示当 $x_i > x_j$ $(1 \leqslant j \leqslant i)$ 时的样本累积数。可定义为：

$$s_k = \sum_{i=1}^{n} r_i \quad k = 1,2,\cdots,n \tag{2.4}$$

$$r_i = \begin{cases} 1 & x_i > x_j > 0 \\ 0 & x_j > x_i > 0 \end{cases} \quad (j = 1,2,\cdots,n) \tag{2.5}$$

那么,均值 $E(s_k)$ 与方差 $\mathrm{Var}(s_k)$ 的定义分别如下：

$$E(s_k) = \frac{n(n-1)}{4} \tag{2.6}$$

$$\mathrm{Var}(s_k) = \frac{n(n-1)(2n+5)}{72} \tag{2.7}$$

假定数据的序列是随机独立的,统计量 $UF_k$ 可定义为：

$$UF_k = \frac{s_k - E(s_k)}{\sqrt{\mathrm{Var}(s_k)}} \quad k = 1,2,\cdots,n \tag{2.8}$$

若 $UF_k > 0$,表明序列呈现上升趋势;若 $UF_k < 0$,则反之。

⑤ Mann-Whitney 阶段转换检验(凌红波 等,2011)

其原理为：假设有时间序列 $X = (X_1, X_2, X_3, \cdots, X_n)$ 及其子序列 $Y = (X_1, X_2, \cdots, X_{n1})$,$Z = (X_{n1+1}, X_{n1+2}, \cdots, X_{n1+n2})$,可定义为：

$$Z_C = \frac{\sum\limits_{t=1}^{n_1} r(x_i) - n_1(n_1 + n_2 + 1)/2}{[n_1 n_2 (n_1 + n_2 + 1)/12]^{1/2}} \tag{2.9}$$

当 $-Z_{1-a/2} \leqslant Z_C \leqslant Z_{1-a/2}$ 时,接收原假设;$Z_{1-a/2}$ 为标准的正态分布分位数。

⑥ R/S 分析(Hurst 指数)(黄勇 等,2002;胡汝骥 等,2002)

Hurst 指数可以定量描述时间序列数据的可持续性,其原理为：对于任意时间序列 $\{P(t)\}$,$t = 1,2,3,4,\cdots,n$, $t \geqslant 1$,该时间序列的均值为：

$$\overline{P}(\tau) = \frac{1}{\tau} \sum_{t=1}^{\tau} P(\tau) \quad \tau = 1,2,\cdots,n \tag{2.10}$$

累积离差为：

$$X(t,\tau) = \sum_{t=1}^{\tau} (P(t) - P(\tau)) \quad 1 \leqslant t \leqslant \tau \tag{2.11}$$

极差序列为：

$$R(\tau) = \max_{1 \leqslant t \leqslant \tau} X(t,\tau) - \min_{1 \leqslant t \leqslant \tau} X(t,\tau) \quad \tau = 1, 2, \cdots, n \tag{2.12}$$

标准差序列为:

$$S_{(\tau)} = \left[ \frac{1}{\tau} \sum_{t=1}^{\tau} (P(t) - P(\tau))^2 \right]^{\frac{1}{2}} \quad \tau = 1, 2, \cdots, n \tag{2.13}$$

Hurst 指数计算如下:

$$\frac{R(\tau)}{S(\tau)} = (c\tau)^H \tag{2.14}$$

当 $H$ 值在[0,0.5]时,表明将来发生的趋势与过去相反;当 $H = 0.5$ 时,表明序列间几乎无相关性;$H$ 超过 0.5 时,表明将来发生的变化趋势与过去一致。

⑦ 年内分配特征指标计算(郑红星 等,2003;汤奇成 等,1982)

主要有如下指数,计算公式分别如下:

径流年内分配不均匀系数($C_v$):

$$C_v = \frac{e}{r} \tag{2.15}$$

$$e = \sum_{i=1}^{12} (r_i - r)^2 \tag{2.16}$$

$$r = \frac{\sum_{i=1}^{12} r_i}{12} \tag{2.17}$$

年内分配完全调节系数($C_r$):

$$C_r = \sum_{i=1}^{12} \psi(i)(R(i) - R) \Big/ \sum_{i=1}^{12} R(i) \tag{2.18}$$

其中,$\psi(i) = \begin{cases} 0, R(i) < R \\ 1, R(i) \geqslant R \end{cases}$

式中,$R(i)$、$R$、$C_v$、$C_r$ 分别为年内月的平均径流量、年内的平均流量、年内分配的均匀度和集中程度。

集中度与集中期:

将径流以向量的形式来表示,一年 12 个月的径流量则可以看作一个圆周,月径流可以用如下的函数来表达:

$$R_x = \sum_{i=1}^{12} R(i) \cos\theta_i \quad R_y = \sum_{i=1}^{12} R(i) \sin\theta_i \tag{2.19}$$

集中度:$C_d = \sqrt{R_x^2 + R_y^2} \Big/ \sum_{i=1}^{12} R(i)$ (2.20)

集中期:$D = \arctan(R_y / R_x)$ (2.21)

变化幅度:

分别用相对变化幅度 $C_m$(一年 12 个月中的最小和最大月流量比值)和绝对变化幅度 $\Delta r$(一年 12 个月中最小与最大月流量差值)表示。

(2)潜在蒸散发估算

潜在蒸散发是指植被的覆盖较为均一、供水也能满足其需求时(其实是一种理想条件)的最大蒸发量(Brutsaert,1982;Shuttleworth et al.,1993)。显然,越干旱的地区潜在的蒸发量越大,如极端干旱的塔克拉玛干、撒哈拉沙漠潜在蒸散发量都在 3000~4500 mm,但实际的蒸散量可能只有几十毫米。

潜在蒸散发一般简称为 PET(或称 $ET_0$),其值比较普适性的计算方法为 PM 公式(Allen et al.,1998),公式为:

$$ET_0 = \frac{0.408\Delta(R_n - G) + \gamma \dfrac{900}{T+273} u_2(e_s - e_a)}{\Delta + \gamma(1 + 0.34u_2)}$$  (2.22)

式中,$ET_0$、$R_n$、$G$、$\gamma$、$u_2$、$e_s$、$e_a$、$T$、$\Delta$ 分别代表潜在蒸散发量(mm/d)、表层的净辐射(MJ/(m$^2$·d))、土壤热通量(MJ/(m$^2$·d))、干湿表常数(kPa/℃)、饱和水汽压曲线斜率(kPa/℃)、2 m 高 24 h 内平均风速(m/s)、饱和水汽压(kPa)、实际水汽压(kPa)、日平均温度(℃)和常数项。

(3)实际蒸散发估算

自然界的实际蒸散发主要表现为自由水面、土壤和植被三类的蒸腾量。

内陆闭合流域的水量平衡方程可表示如下:

$$P = E + W + \Delta S$$  (2.23)

式中,$P$、$E$、$W$ 和 $\Delta S$ 分别代表降水、实际蒸散发、径流、土壤储水的具体量化值,一般来说,可以考虑多年的 $\Delta S$ 变化量为 0。

由潜在蒸散发(PET)和降水量可以估算出实际蒸散发(AET)。傅抱璞先生根据 Budyko 假设的微分形式方程,对降水、潜在和实际蒸散发间的关系进行了如下推导(傅抱璞,1996;Budyko,1974;Zhang et al.,2008):

$$\frac{E}{P} = 1 + \frac{ET_0}{P} - \left[1 + \left(\frac{ET_0}{P}\right)^{\overline{w}}\right]^{\frac{1}{\overline{w}}}$$  (2.24)

式(2.24)称为傅抱璞公式,该公式又可以改写为:

$$E = P + ET_0 - (P^{\overline{w}} + (ET_0)^{\overline{w}})^{\frac{1}{\overline{w}}}$$  (2.25)

式中,$E$、$P$ 分别代表实际蒸散发量(mm/a)和降水量(mm/a),$ET_0$ 为潜在蒸散量(mm/a),$\overline{w}$ 为积分常数。

姚俊强(2015)利用了西北干旱内陆河流域 68 条河流的数据,研究给出了干旱内陆河流域参数 $\overline{w}$ 的半经验计算公式,具体为:

$$\overline{w} = 1 + 81.513\left(\frac{S_{max}}{ET}\right)^{1.621}(A)^{-0.0233}\exp(-2.218\tan\beta)$$  (2.26)

式中,$A$、$\overline{w}$、$\tan\beta$、$S_{max}/ET$ 分别代表为流域面积、与下垫面密切相关的参数、坡度和植被—土壤相对蓄水能力(Li et al.,2007)。

(4)径流变化归因的量化甄别

本书采用 Dooge 等(1999)提出的气候敏感法(HSAM)来表征径流量的总体变化,公式为:

$$\Delta Q_{total} = \Delta Q_{climate} + \Delta Q_{human}$$  (2.27)

式中,$\Delta Q_{human}$ 和 $\Delta Q_{climate}$ 分别代表人类活动、气候变化引起的径流变化量,$\Delta Q_{total}$ 为年径流总体变化量,该公式又可以进行如下变换:

$$\Delta Q_{\mathrm{climate}} = \frac{\partial Q}{\partial P}\Delta P + \frac{\partial Q}{\partial PET}\Delta PET \tag{2.28}$$

式中,$\Delta PET$ 代表潜在蒸散发的变化量,而 $\Delta P$ 则代表年均降水的变化量,潜在蒸散发量和降水量对径流变化的定量化影响可以表示为:

$$\frac{\partial Q}{\partial P} = \frac{1 + 2S + 3\omega S}{(1 + S + \omega S^2)^2} \tag{2.29}$$

$$\frac{\partial Q}{\partial PET} = \frac{-(1 + 2\omega S)}{(1 + S + \omega S^2)^2} \tag{2.30}$$

式中,$S$ 代表干旱指数,为湿润指数的相反值(王忠静 等,2002),即:

$$S = PET/P \tag{2.31}$$

(5)SWAT 模型

SWAT 模型为度日模型,该模型的数据一般包括:数字高程模型(DEM)、土地利用、气温、降水、土壤温湿度等。根据研究区的实际情况,制定流域的 SWAT 模型数据库如下。

① 数字高程模型(DEM)数据

DEM 数据可以从 http://srtm.csi.cgiar.org/SELECTION/inputCoord.asp 网址下载,空间分辨率为 90 m。利用流域的面文件裁剪出流域的 DEM,运转 SWAT 模型的 watershed delineator 命令,经过加载 DEM,确定流向,生成河道等过程,共划分了 39 个子流域,如图 2.3 所示。

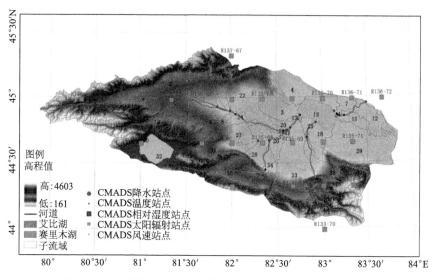

图 2.3　艾比湖流域 SWAT 模型输入高程及流域划分示意图

② 土壤数据

土壤数据采用 http://westdc.westgis.ac.cn(中国科学院西北生态环境资源研究院数据集)提供的 1 km 分辨率、基于世界土壤数据库(HWSD)的中国土壤数据集(v1.1)(孟现勇 等,2017)。利用 soil water characteristics 软件计算田间持水量、水力传导系数等 WAT 模型需要土壤属性参数。

③ 土地利用数据

土地利用数据来源于遥感 TM 影像,流域主要土地利用类型包括牧场、水域、冰川、混合湿地、林地等 21 种。将 DEM、土壤数据和土地利用数据集的分辨率设置为 1 km,投影坐标系为 WGS_1984_UTM_ZONE_44N。

④ 气象驱动数据

SWAT 模型的中国大气同化驱动数据集（CMADS）由中国水利水电科学研究院孟现勇博士开发，其利用 STMAS 同化方法结合国家 4 万个气象区域站订正了 ECWMF 背景场，并基于多种技术方法（包括数据循环嵌套、模式推算等）建成（段建平 等，2009；孟现勇 等，2016）。CMADS 提供了多种数据利用格式，可以选择流域及其附近的站点，即可直接输入 SWAT 模型。CMADS 时空分辨率高、气象要素全面、可靠性强。已有的研究表明 CMADS 驱动效果比实测站点、大部分卫星反演产品好，SWAT 模型官网也推荐使用 CMADS 作为模型的气象驱动数据集。

本研究中，艾比湖流域的 CMADS 包括日平均太阳辐射、逐日累计降水、日平均风速、日平均/最高/最低气温、日平均气压、日平均相对湿度共六种气象要素类型。其中，降水数据由流域周边若干个自动气象站的观测资料结合 CMORPH 产品融合而成；温度、压强、相对湿度和风速以 NCEP/GFS 为背景数据利用 STMAS 算法融合观测数据；辐射数据是以 ISCCP 资料为基础，通过对 FY-2D/E 标称图数据反演，计算出太阳辐照度（Meng et al.，2017），潜在蒸散发用 P-M 模型计算。

CMADS V1.1 数据集的时间尺度为 2008—2014 年，收集对应时间段的径流数据和实测气象数据进行模拟。模型的预热期为 2008 年，将 2009—2010 年设置为模拟运行的校准期，将2011—2013 年设置为模型的验证期。

（a）SWAT 模型数据处理

SWAT 模型虽然参数众多，但是模型有专业的参数校准与敏感性分析软件 SWAT-CUP，大大简化了模型的参数率定过程（白淑英 等，2013；王建鹏 等，2009）。在 SWAT 模型中有 25个参数与径流变化有关，本文选取了其中 12 个敏感性较高的参数进行率定。在参数率定过程中，为保证流域的年蒸发量、年降水量以及年径流量贴合实际情况，首先在年、月尺度上模拟精河水文站和温泉水文站的径流过程，然后在这一结果的基础上进行逐日过程的模拟，最终获得两个水文站 12 个参数的率定值，见表 2.3。

**表 2.3　SWAT 模型中 12 个参数的定义、取值范围及最终值**

| 定义 | 取值范围 | 最终值 |
| --- | --- | --- |
| 土壤蒸发补偿系数 | 0～1 | 0.992 |
| 地下水再蒸发系数 | 0.02～0.2 | 0.045 |
| 地下水汇入主河道时浅层含水层的水位阈值（mm） | 0～2000 | 7.52 |
| 地下水补给延迟时间（d） | 0～500 | 49.52 |
| 基流 $\alpha$ 因子 | 0～1 | 0.69 |
| SCS 径流曲线值 | -0.2～0.2 | 0.18 |
| 基流退水常数 | 0～1 | 0.51 |
| 气温直减率 | 10～200 | -4.21 |
| 降水直减率 | -8～0 | 51.3 |
| 12 月 21 日的融雪因子 | -10～10 | 8.56 |
| 6 月 21 日的融雪因子 | 1～8 | 0.73 |
| 降雪基温（℃） | -5～5 | 3.74 |

（b）模拟的精度检验

本书选择 Nash-Sutcliffic Efficiency（NSE）效率系数以及决定性系数 $R^2$ 作为模型模拟结果优劣的评判标准（Meng et al.，2017）。NSE 效率系数是水文学中衡量模型模拟结果好坏常用的参考标准，该系数反映了模拟值和观测值的拟合程度，公式如下：

$$NSE = 1 - \frac{\sum\limits_i (Q_m - Q_s)_i^2}{\sum\limits_i (Q_{m,i} - \overline{Q_m})_i^2} \tag{2.32}$$

$R^2$ 为决定性系数，用来表征实测值与模拟值间的相关性，公式为：

$$R^2 = \frac{\left[ \sum\limits_i (Q_{m,i} - \overline{Q_m})(Q_{s,i} - \overline{Q_s}) \right]^2}{\sum\limits_i (Q_{m,i} - \overline{Q_m})^2 \sum\limits_i (Q_{s,i} - \overline{Q_s})^2} \tag{2.33}$$

式中，$Q_{m,i}$ 和 $Q_{s,i}$ 分别为径流量的模拟值和实测值，$\overline{Q_m}$ 和 $\overline{Q_s}$ 分别为模拟的平均径流量和实测的平均径流量。NSE 的取值范围在 $-\infty \sim 1$，当 $0.5 \leqslant NSE < 1$ 时认为模拟结果满意，当 $0 < NSE < 0.5$ 时认为模拟结果较为满意，当 $NSE < 0$ 时认为模拟效果是不合格的。决定性系数 $R^2$ 的取值范围为 $0 \sim 1$，值越大表明模拟值和实测值的相关性越好。

（6）生态变化相关指数分析

① 土地利用变化指数（史培军 等，2000；罗格平 等，2003）

土地利用变化幅度 　　　　$R = (U_b - U_a)/U_a \times 100\%$ 　　　（2.34）

土地利用变化动态度 　　　$K = (U_b - U_a)/U_a/T \times 100\%$ 　　（2.35）

式中，$U_b$ 和 $U_a$ 分别代表两个不同时期的土地利用数据，$T$ 代表时间。

土地类型转移矩阵：

该方法主要描述各种土地利用类型间数量的相互转化，其公式表达如下：

$$\boldsymbol{P} = \begin{bmatrix} P_{11} & P_{12} & \cdots & P_{1n} \\ P_{21} & P_{22} & \cdots & P_{2n} \\ \vdots & \vdots & & \vdots \\ P_{n1} & P_{n2} & \cdots & P_{nn} \end{bmatrix} \tag{2.36}$$

$P_{i,j}$ 分别代表不同的土地利用类型。

② 归一化植被指数（NDVI）

计算公式（赵景柱，1990）为：$NDVI = (NIR - R)/(NIR + R)$ 　　（2.37）

式中，$NIR$ 和 $R$ 分别为近红外和可见光波段的反射值。

③ 生态服务价值

采用 Constanza 等建立的生态服务价值评估模型，公式为：

$$ESV = \sum (A_k \times VC_k) \tag{2.38}$$

式中，$ESV$、$A_k$、$VC_k$ 分别代表生态服务价值（元/a），土地类型的面积（km²）和生态服务功能的价值系数（元·km²/a）。

各土地类型贡献率为：$ESVC_i = ESV_i/ESV$ 　　　　（2.39）

为了验证 Constanza 等生态服务价值计算公式是否适合于本流域，根据谢高地、王成、凌红波等的研究经验（谢高地 等，2001；王成 等，2009；凌红波 等，2012），利用敏感性系数 CS 进行验证,具体方法为将各土地类型的生态服务价值系数上下调整 50% 来进行比较。

$$CS = \left| \frac{(ESV_j - ESV_i)/ESV_i}{(VC_{jk} - VC_{ik})/VC_{ik}} \right| \tag{2.40}$$

若 $CS > 1$,代表区域的生态服务价值变化有弹性,是相对不稳定的;而 $CS < 1$,则代表区域的生态服务价值变化是相对稳定的,且不具有弹性。

(7)生态需水量估算

①天然植被生态需水

(a)面积定额法

根据刘新华等(2012)的研究成果,干旱区流域的天然植被可以划分成疏林地、有林地、低覆盖度草地和高覆盖度草地四种类型,植被类型分类系统标准见表 2.4。

表 2.4 艾比湖流域天然植被分类系统

| 植被类型 | 特征说明 |
|---|---|
| 低覆盖度草地 | 主要指水分条件差,植被生长稀疏,盖度介于 5%~20% 的草地 |
| 高覆盖度草地 | 主要指水分条件较好,植被生长较茂密,盖度大于 20% 的草地 |
| 疏林地 | 主要指各类疏散的乔灌木,盖度介于 5%~30% |
| 有林地 | 主要指较为茂密的乔灌木,盖度在 30% 以上 |

基于面积定额法的天然植被生态需水量估算公式如下:

$$W = \sum_{i=1}^{4} W_i = \sum_{i=1}^{4} A_i \cdot r_i \tag{2.41}$$

式中,$W$ 即为天然植被生态需水量($m^3$),$A_i$、$r_i$ 分别代表植被类型面积和需水定额。

(b)遥感蒸散发反演法

根据马宏伟(2011)、孙福宝(2007)在干旱区生态需水、耗水的研究成果可知,蒸散发占据植被耗水的 99% 左右,因此可以利用地表植被蒸散发来估算其生态需水量,其计算公式如下:

$$W = \sum_{i=1}^{n} A_i \cdot E_i \tag{2.42}$$

式中,$E_i$ 代表植被的实际蒸散量,$A_i$ 代表植被面积,$W$ 即为植被的生态需水量。

② 湖泊生态需水

(a)生态水位法

干旱区尾闾湖的水位、库容和面积之间有着必然的联系,当湖泊水位降低时,库容量减小,面积也随之发生萎缩;当湖泊水位上升时,库容量和面积也相应增加。尾闾湖的库容应有一个最低值,若低于此值,其生态系统将明显退化,此库容对应的水位则为最低生态水位,尾闾湖泊的水位和面积和库容的变化关系可以构建导数一阶微分方程(叶朝霞 等,2017)。在数学上,二阶导数反映一阶导数的变化率,当二阶导数为 0 时,该值则为拐点值。公式如下:

$$h = f(m) \tag{2.43}$$

$$\frac{d^2 h}{dm^2} = 0 \tag{2.44}$$

$$l = f(h) \tag{2.45}$$

式中,$h$、$l$、$m$ 分别代表为湖泊库容、面积和水位。

（b）蒸发-降水差法

由于艾比湖的湖水含盐量较高，湖泊周围生长的植被较少，仅有零星的芦苇分布。因此，湖区植被的生态需水基本上可以不考虑；另外，艾比湖长期处于缺水、湖底裸露的状态，可以忽略湖水的下渗量。因此，艾比湖湖区的生态需水主要考虑湖区的蒸散发量（郭斌，2013）。其计算方法采用蒸发-降水差法，公式如下：

$$WL = F_1 \cdot (K \cdot E_{\varnothing 20} - P)/1000 \tag{2.46}$$

式中，$K$、$E_{\varnothing 20}$、$P$ 分别代表干旱区湖泊常用折算系数（一般取值为 0.54）、20 cm 蒸发皿蒸发量（mm）和年降水量（mm）；$F_1$ 代表无植被覆盖的水面面积，$WL$ 则代表湖泊的生态需水量。

③ 河道生态需水

河道的生态需水是保障河流不断流、生态系统完整性的需水量。对于艾比湖流域来说，出山口径流是流域水资源的主要来源，其生态需水量必须得到保证；出山口以下的水资源受强烈的人为干扰，河流（渠系）的断流情况较多，尤其是在用水高峰期的 4—9 月，进入艾比湖的水量锐减，五支渠和总排站甚至有时断流，无法补给艾比湖，导致湖泊生态系统退化。因此，出山口以下主要还需考虑四个入湖口河道的生态需水量。本文分别采用最枯月平均流量法和近 10 年最枯月平均流量法估算径流和入湖口河道的最小生态需水量，并采用 Tennant 法估算河道的适宜生态需水量。

（a）最枯月平均流量法

在长序列的径流资料中，每年选择一个最枯月平均流量，根据皮尔逊 Ⅲ 型曲线进行频率计算，取 90% 保证率的最枯月平均流量为最小生态需水量（程建民 等，2018），计算公式如下：

$$W = \min(W_{ij})_{p=90\%} \tag{2.47}$$

式中，$W$、$\min(W_{ij})_{p=90\%}$ 分别代表最小生态需水量和 90% 保证率下的最枯月平均流量。基于皮尔逊 Ⅲ 型曲线法的径流来水频率计算公式如下（詹道江 等，2000；陶辉 等，2007）。

首先，计算概率密度函数，公式为：

$$f(x) = \frac{\beta^\alpha}{\Gamma(\alpha)}(x - a_0)^{\alpha-1} e^{-\beta(x-a_0)} \tag{2.48}$$

式中，$\Gamma(\alpha)$ 为 $\alpha$ 的伽马函数；$\alpha$、$\beta$、$a_0$ 分别为形状尺度和位置未知参数。

然后，求频率 $P$ 和 $x_p$，即：

$$P = P(x \geqslant x_p) = \frac{\beta^\alpha}{\Gamma(\alpha)} \int_{x_p}^{\infty} (x - a_0)^{\alpha-1} e^{-\beta(x-x_0)} \mathrm{d}x \tag{2.49}$$

最后，求累积频率 $P$ 值，公式为：

$$P(\varphi \geqslant \varphi_p) = \sum_{\varphi_p}^{\infty} F(\varphi) \cdot C_s \cdot \mathrm{d}\varphi \tag{2.50}$$

式中，$\varphi$ 的均值为 0，标准差为 1。

$$X = \overline{X}(1 + C_{v\varphi}) \tag{2.51}$$

由此即得出径流的频率分布情况。

（b）近 10 年最枯月平均流量法（石伟 等，2002）

将艾比湖五支渠、总排、90 团 4 连大桥和 82 团养殖场大桥四个入湖口近 10 年最枯月平均流量的多年均值作为入湖口河道的最小生态需水量。

$$W = \frac{1}{n} \sum_{1}^{n} Q_{\min} \tag{2.52}$$

式中,$n$、$W$、$Q_{\min}$ 分别为年数、入湖口的最小生态需水量和最枯月流量。

（c）Tennant 法

本书采用 Tennant 法估算艾比湖流域天然河道及入湖口的生态需水（Estes et al.,1986），其公式如下：

$$W = \sum_{1}^{12} Q \times Z_i \tag{2.53}$$

式中,$Q$、$Z_i$、$W$ 分别代表河道及入湖口(本文中即针对精河、博河水系的天然河道和 90 团五支渠、90 团总排水渠、82 团养殖场大桥和 90 团 4 连大桥 4 个入湖口)多年某月的平均流量（$m^3$）、基流百分比、总的河道及入湖口生态需水量（$m^3$）。Tennant 法中的 $Z_i$ 取值在 $20\% \sim 30\%$ 被认为是水生态系统最适宜的需水量。

④ 人工植被生态需水量

人工植被生态需水主要考虑苗木经济林、农田防护林和城市绿化园林三类植被的生态需水（贾宝全 等,2000），其估算主要采用植被类型的生态需水定额与其面积相乘而得到，也就是定额法，即：

$$W_{Fi} = A_{Fi} R_i \tag{2.54}$$

式中,$A_{Fi}$ 代表苗木经济林、农田防护林和城市绿化园林三类人工植被的面积（$10^6 m^2$），$R_i$、$W_{Fi}$ 则分别代表三类人工植被的生态需水定额（$m^3/10^6 m^2$）和人工植被类型 $i$ 的生态需水量（$m^3$）。

## 2.4.3 数据资料

（1）气象数据：①精河山口、温泉、博乐、沙尔托海四个水文站建站以来的气温、降水、蒸发、泥沙、水温的日、月、年值；②精河、乌苏、阿拉山口、托里、乌兰乌苏等气象站建站以来的太阳辐射、风速、降水、蒸发、气温等日、月、年值；③CMADS 同化驱动数据；④野外架设气候观测站的相关气象数据等。

（2）水文数据：①精河山口、温泉、博乐、沙尔托海四个水文站及四个入湖口（82 团养殖场大桥、90 团 4 连大桥、90 团总排水渠和 90 团五支渠）的径流日、月、年值和洪峰数据等；②1990—2015 年流域的地下水埋深、水质监测数据等数据；④精河、博河流域管理处、博州水利局的相关灌溉资料、公报数据等。

（3）遥感数据：1990—2015 年艾比湖流域的五期影像（TM、ETM＋、CBERS 等）数据,部分 MODIS 数据,DEM 数据等。

（4）植被数据：①2000—2015 年的 NDVI 数据；②甘家湖梭梭林、艾比湖湿地、夏尔西里等保护区部分植被类型、长势及面积等数据；③野外调查植被样方的数据。

（5）生态水文观测数据：2013—2015 年野外观测过程中,获取的土壤温湿度、土壤肥力、水的流速、积雪深度、土壤蒸发等数据。

（6）社会经济统计数据：包括自新中国成立以来流域部分年的人口、土地利用、区情介绍、经济指标等,其数据主要来于国土资源局、人口和计划生育委员会、统计局及相关年的统计年鉴。

（7）图件资料：包括收集、下载、购买、制作的各类图件，如流域边界图、土地利用图、水系与渠系分布图、土壤类型图等。

（8）其他资料：主要指文献中获取的各类相关资料、数据及项目研究过程中获取的各类资料。

## 2.5　本章小结

本章首先描述了艾比湖流域的基本概况，包括流域的地形地貌、气候水文、生物与土壤类型、水库、供水工程、渠道等水利设施，以及社会经济特征等；然后介绍了研究的思路、具体的研究方法和数据资料，通过本章节的细致梳理，为后续的水文和气候变化响应分析、地表径流模拟、生态安全状况评价以及生态需水量等相关研究工作奠定了扎实的基础。

# 第3章　流域地表径流变化规律及其
## 对气候变化的响应

## 3.1　研究思路

　　干旱区内陆河流域的地表径流主要由冰雪融水和降水而补给,其对气候变化有着高度的敏感性。为此,本文基于1960—2015年的气象、水文数据,首先进行艾比湖流域三个代表性水文站——精河山口、博乐和温泉径流量的日、月、年、周期等多尺度变化分析;然后分析流域气候因子——气温、降水量、潜在和实际蒸散发量的变化情况,并且分析不同气候因子对三个水文站径流量影响的差异及原因;最后,定量化地甄别气候和人类活动对三个水文站径流量变化的影响程度。

## 3.2　流域地表径流多尺度变化分析

### 3.2.1　地表径流年际变化分析

　　本研究主要选取对艾比湖流域水资源影响最大的两条河流(精河和博尔塔拉河)精河山口、温泉和博乐三个水文序列最为完整且具有代表性站点的年、月径流数据进行分析。

　　(1)径流年际演变趋势分析

　　根据三个水文站的径流年值,求出其5年滑动平均值并绘制出图3.1—图3.3。从

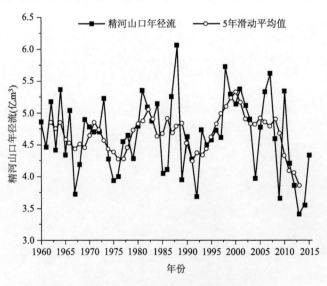

图3.1　精河山口站年径流变化的滑动平均分析

图 3.1 中可以看出精河山口水文站整体的变化趋势趋于平稳,5 年滑动平均的变化率为 0.0004 亿 m³/a,变化的浮动很小。从各个年份来分析可以看出,1962—1969 年和 1971—1976 年呈现递减的趋势,递减的幅度相近;从 1977—1991 年,径流呈现波动变化,整体呈现上升的趋势,上升的幅度有限;1992—2015 年变化幅度变化剧烈,从 1992—2000 年可以看出呈现明显的上升趋势,2001—2015 年则呈现下降的趋势,2013 年甚至减少到了近 56 年来径流量的最小值。

从图 3.2 可以看出,温泉水文站年径流整体呈现递增的趋势,5 年滑动平均的变化率为 0.0029 亿 m³/a,从整个序列的 5 年滑动平均值来看,整体无特大的波动幅度,1962—1984 年,1985—1994 年呈现小幅度下降,1962—1994 年整体呈现为波动变化,但是从图中可以看出年径流曲线中存在特别突出的值,如 1982 年出现径流序列最小值 2.010 亿 m³,2002 年的径流量值则最大,为 4.012 亿 m³,并且在 1997 年以后这样的现象出现频次增多。

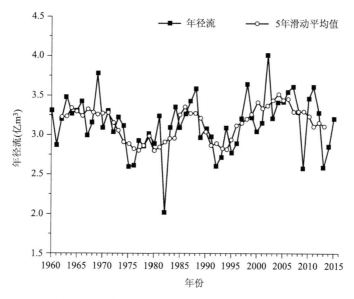

图 3.2　温泉水文站年径流变化的滑动平均分析

从图 3.3 中可以看出,博尔塔拉河水文站年径流整体呈递增趋势,5 年滑动平均的变化率为 0.0139 亿 m³/a,相比较于温泉水文站,由于博尔塔拉河径流具有滞后性,位于博河中游的博尔塔拉河水文站的变化幅度较大。1964—1975 年博尔塔拉河水文站年径流呈现递减趋势,之后 1979—1997 年,年径流发生多次波动式的变化,1998—2002 年又开始迅速递增,期间 2002 年达到了整个系列的最大值 7.824 亿 m³,2003 年之后这样的势头才逐渐消退。

(2)年径流突变分析

采用 M-K 趋势性检验结合累积距平分析 1960—2015 年精河山口站、博乐站和温泉站年径流量的变化趋势,结果见图 3.4(陈伏龙 等,2015)。从图 3.4a 可以看出,精河山口站的径流量未发生明显的突变,年径流量总体呈缓慢下降的趋势;从图 3.4b 可以看出温泉站年径流量 1960—1972 年呈现不规则波动变化,1973—1983 年呈现递减的趋势,1984—1988 年径流量呈不显著的增加趋势,在这之后温泉站 1989—1996 年径流量继续递减,达到了 $\alpha=0.05$ 的显著

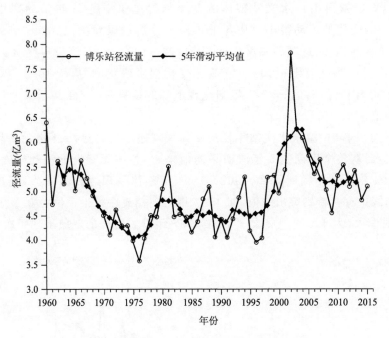

图 3.3　博乐水文站年径流变化的滑动平均分析

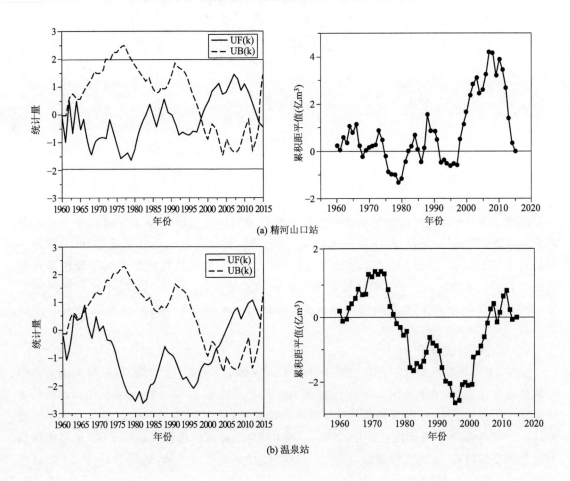

(a) 精河山口站

(b) 温泉站

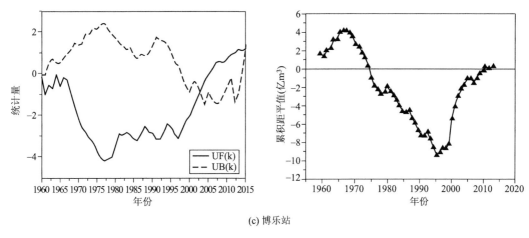

(c) 博乐站

图 3.4　1960—2015 精河山口、温泉、博乐水文站年径流突变及累积距平分析

性检验,并且在 1997 年发生转折,从温泉径流量累积距平值的变化也可以看出在 1996 年之前有下降,1997 年之后有上升的趋势,整体上看径流呈现缓慢增加的趋势。因此,1997 年为温泉站年径流量的突变时间点;从图 3.4c 可以看出博乐站在 1960—1967 年年径流量呈波动变化,1968—1996 年则呈现递减趋势,并且在 1969—1996 年递减趋势变化显著,达到了 $\alpha=0.05$ 的显著性检验,1997—2015 年径流量呈现高速递增的趋势,并且整体的径流变化具有增大的趋势。显然,1997 年为博乐站的径流突变时间点。

为进一步分析精河山口、温泉和博乐三个水文站点径流的突变特征,采用 Mann-Whitney 转换阶段检验法进行研究,发现精河山口的径流序列无明显突变点,博乐和温泉站的结果见表 3.1。

表 3.1　1960—2015 年温泉、博乐水文站年径流 Mann-Whitney 检验

| | 水文站点 | 序号 | 时间序列 | 突变时间点 | 变异系数 |
|---|---|---|---|---|---|
| 径流 | 博乐 | 1 | 1961—1997 年 | 1997 | 0.1250 |
| | | 2 | 1998—2015 年 | | 0.1349 |
| | 温泉 | 1 | 1961—1997 年 | 1997 | 0.1041 |
| | | 2 | 1998—2015 年 | | 0.1057 |

分析认为:精河山口站的检验统计量 $|Z_c|<1.96$,在 0.05 水平下不显著,即拒绝原假设 $H_0$,表明其径流序列不存在明显跳跃,博乐站和温泉站径流量的检验统计量 $|Z_c|>1.96$,皆在 0.05 水平下显著,即接受原假设 $H_0$。在表 3.1 中,博乐站径流量列前后两个时间段的多年平均值为 4.71 亿 m³ 和 5.54 亿 m³,产生了 0.83 亿 m³ 的突变度;在 1998—2015 年径流序列的变异系数为 0.1349,大于 1957—1997 年的 0.1250,波动变化较为剧烈,并在 1976 年出现极端低径流量 3.57 亿 m³,低于这一时段年平均值的 24.20%,而相对于整个时间序列减少了 27.43%,极端高径流量 7.824 亿 m³ 出现在 2013 年,与极端低径流量相比增加了 54.34%。结合图 3.1 分析认为,尽管精河山口站的径流未发生明显突变,但在 1996 年之前和之后的径流还是有阶段性的起伏变化。径流量在 1996 年前后两个时间段的多年平均值为 4.72 亿 m³ 和 4.61 亿 m³,产生 −0.11 亿 m³ 的突变度,小于博乐站突变度,径流量跳跃性相对博乐站较

小;在1997—2015年径流序列的变异系数为0.1390,大于1957—1996年的0.1147,波动变化较为剧烈,并在2013年出现极端低值3.401亿 m³,低于博乐站极端低径流量,且低于精河山口站这一时段年平均值的27.80%,而相对于整个时间序列减少了27.20%,极端高径流量6.05亿 m³ 出现在1998年,低于博乐站极端高径流量,且与精河山口站极端低径流量相比增加了43.80%。温泉站径流量在1997年前后两个时间段的多年平均值为3.07亿 m³ 和3.28亿 m³,产生了0.21亿 m³ 的突变度;在1998—2015年径流序列的变异系数为0.1057,大于1957—1997年的0.1041,波动变化较为剧烈,并在1982年出现极端低径流量2.01亿 m³,低于温泉站这一时段年平均值34.53%,而相对于整个时间序列减少了35.98%,极端高径流量4.01亿 m³ 出现在2002年,与极端低径流相比增加99.50%。

(3)径流周期变化特性分析

由小波分析可知,精河山口站存在28~32 a、10~17 a 及4~8 a 周期变化规律(图3.5a),周期中心分别为30 a、15 a 和6 a;根据图3.5b,温泉站存在26~32 a、10~16 a 及5~7 a 的周期变化规律,周期中心分别在28 a、13 a 及6 a;根据图3.5c,博尔塔拉河站存在28~40 a、10~16 a 及5~8 a 的周期变化规律,周期中心分别为32 a、15 a 及6 a,整个时间段内,三个水文站每个尺度的周期变化都比较明显。

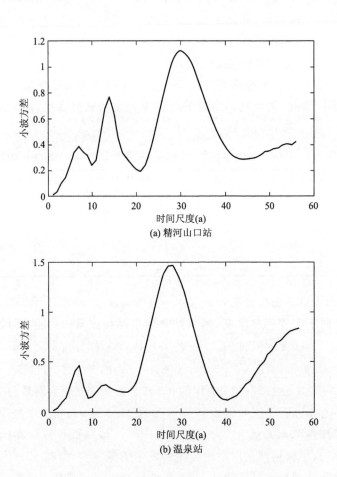

(a) 精河山口站

(b) 温泉站

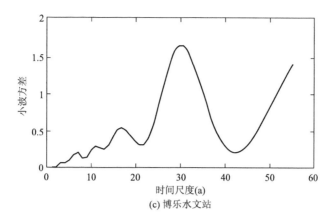

(c) 博乐水文站

图 3.5　1960—2015 年精河山口、温泉、博乐水文站径流的周期性变化分析

## 3.2.2　径流的年内变化特征分析

（1）不均匀性分析

根据 $C_v$ 和 $C_r$ 的计算公式绘制出图 3.6，由图可知：精河山口站、温泉站、博尔塔拉河站径流年内分配完全调节系数 $C_r$ 随时间的推移，曲线波动与其对应的变差系数 $C_v$ 变化趋势相似；精河山口站最大 $C_v$ 为 0.515，最小为 0.230，温泉站最大为 0.274，最小为 0.047，博尔塔拉河站最大为 0.245，最小值为 0.091，整体看来各站变差系数都处于较小的范围之内，温泉站与博尔塔拉河站同在博尔塔拉河，因此 $C_v$ 值变化范围较为接近，相比较精河山口站，径流年内变化受气候条件和人类活动的影响较大，因此 $C_v$ 值较其他两站相比较大；并且随着时间的推移，精河山口站、温泉站以及博尔塔拉河站的 $C_v$ 值都会呈现一定程度的下降趋势，精河山口站的变化率为 $-0.000765469$，温泉站为 $-0.000112529$，博尔塔拉河站为 $-0.000534107$，这说明艾比湖流域的上游出山口的径流的年内分配将会缓慢变得更加均匀。

（2）集中度与集中期分析

为进一步分析径流的年内分配的集中程度，分别对精河山口、温泉和博乐三个水文站 1960—2015 年多年的月径流量值进行比较分析，同时，利用集中度和集中期指数进行研究，结果见图 3.7。

从图 3.7 中可以看出，精河山口的月均流量值变化呈倒"V"型，1—4 月、12 月的流量较小，在 3.37~4.78 m³/s 间变动，流量在 5 月开始迅速增加，7 月达到最大值，为 42.75 m³/s，9 月开始迅速下降，流量的值在冬季时较小，夏季值较大；温泉站的月均流量变化则呈倒"W"型，1—5 月和 9—12 月的月均流量较为接近，在 7.28~8.57 m³/s 间变动，6—8 月的值明显增大，如 7 月达到最大值，为 19.44 m³/s；博乐站的流量则呈斜长的"Z"型，在冬季较大，如其值在 1—3 月和 12 月的值较大，3 月值甚至高达 21.69 m³/s。由此可以认为：精河山口水文站和温泉水文站径流分配都表现为"单峰型"，径流基本都集中在 6—8 月，然而，博乐水文站却相反，和精河与温泉站表现出"互补"之势。

从表 3.2 可以看出精河山口站的集中度比温泉站和博尔塔拉河站的大，并且精河山口站的集中程度年际变化较小，可以看出基本稳定在平均值 0.59 附近，集中在 209°，也就是 7 月底，温泉站的集中度的年际变化也很小，同样在平均值 0.24 附近，集中在 180°，也就是 7 月初。

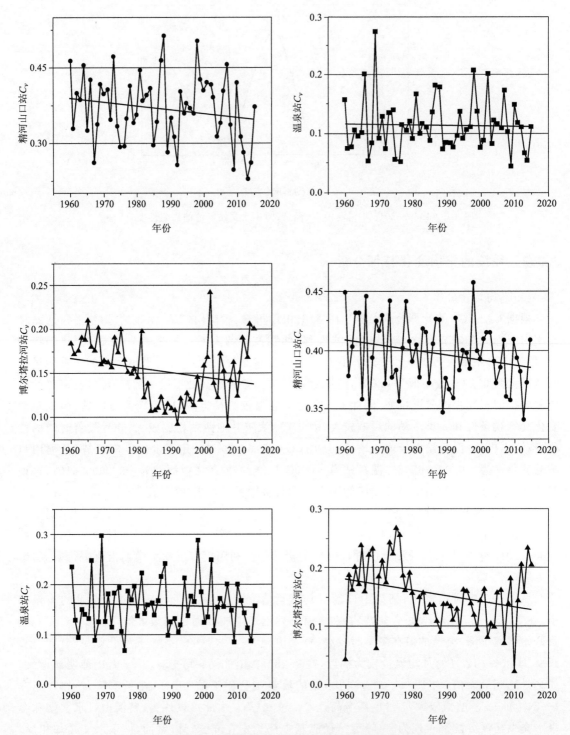

图 3.6　精河山口、温泉、博乐水文站径流年内不均匀性变化分析

（$C_v$ 代表径流年内分配不均匀系数；$C_r$ 年内分配完全调节系数）

博尔塔拉河站的集中度在出山口三个站中最小，平均值为 0.21，并且径流集中在 259°，即 9 月底。

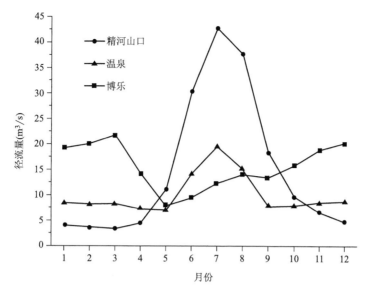

图 3.7　1960—2015 年精河山口、温泉和博乐站逐月均径流量变化分析

**表 3.2　精河山口、温泉和博乐的径流年内分配集中度与集中期分析**

| 年代 | 精河山口 | | | 温泉 | | | 博乐 | | |
| --- | --- | --- | --- | --- | --- | --- | --- | --- | --- |
| | $C_d$ | 角度 | $D$ | $C_d$ | 角度 | $D$ | $C_d$ | 角度 | $D$ |
| 20 世纪 60 年代 | 0.60 | 209° | 0.51 | 0.23 | 176° | −0.06 | 0.23 | 249° | 0.68 |
| 20 世纪 70 年代 | 0.60 | 208° | 0.52 | 0.22 | 176° | −0.08 | 0.29 | 299° | 1.06 |
| 20 世纪 80 年代 | 0.60 | 210° | 0.51 | 0.24 | 185° | 0.08 | 0.17 | 220° | 0.57 |
| 20 世纪 90 年代 | 0.59 | 209° | 0.51 | 0.25 | 181° | 0.01 | 0.16 | 301° | 1.02 |
| 2000—2015 年 | 0.58 | 209° | 0.50 | 0.25 | 181° | 0.01 | 0.22 | 237° | 0.57 |
| 平均 | 0.59 | 209° | 0.49 | 0.24 | 180° | −0.06 | 0.21 | 259° | 0.68 |

注：$C_d$ 为集中度，$D$ 为集中期。

（3）变化幅度分析

从表 3.3 可以看出，出山口各个水文站的相对变化幅度的变化趋势与绝对变化幅度的变化趋势基本一致。精河山口站 $C_m$ 的多年平均为 16.08，从多年平均的角度分析，精河山口水文站的 $C_m$ 基本呈现"增加—减少—增加"的变化趋势，温泉站位"减少—增加—减少—增加"的周期变化趋势，博尔塔拉河站则为"增加—减少—增加"的趋势。同时可以从表中看出，温泉水文站与博尔塔拉河站的绝对变化幅度的变化较小，一方面是因为相比较于精河，博尔塔拉河的径流量较小，另一方面是博尔塔拉河丰枯变化不明显，导致上升的幅度比较小。总体来说，精河山口站、温泉站及博尔塔拉河站的 $C_m$ 随时间的增加而略有减小，表明博尔塔拉河和精河山口一年中的变化是先分散然后集中。

**表 3.3　精河山口、博乐和温泉站径流的年内分配幅度分析**

| 年代 | 精河山口 | | 温泉 | | 博乐 | |
| --- | --- | --- | --- | --- | --- | --- |
| | $C_m$ | $\Delta r(10^8 \text{ m}^3)$ | $C_m$ | $\Delta r(10^8 \text{ m}^3)$ | $C_m$ | $\Delta r(10^8 \text{ m}^3)$ |
| 20 世纪 60 年代 | 12.87 | 1.11 | 3.42 | 0.40 | 4.33 | 0.58 |
| 20 世纪 70 年代 | 13.94 | 1.08 | 2.99 | 0.34 | 5.07 | 0.51 |

| 年代 | 精河山口 | | 温泉 | | 博乐 | |
|---|---|---|---|---|---|---|
| | $C_m$ | $\Delta r(10^8 \ m^3)$ | $C_m$ | $\Delta r(10^8 \ m^3)$ | $C_m$ | $\Delta r(10^8 \ m^3)$ |
| 20 世纪 80 年代 | 15.44 | 1.16 | 3.19 | 0.44 | 3.36 | 0.40 |
| 20 世纪 90 年代 | 14.70 | 1.11 | 3.04 | 0.39 | 3.11 | 0.32 |
| 2000—2015 年 | 16.08 | 1.00 | 3.28 | 0.36 | 5.37 | 0.52 |
| 平均 | 14.76 | 1.08 | 3.19 | 0.38 | 4.37 | 0.47 |

### 3.2.3 径流的日变化分析

由于径流受气候、太阳黑子、下垫面及人类活动多重因素的影响,不同年代不同时期的日流量变化比较复杂,没有普遍的规律。在此,分别对精河山口和温泉站 2009—2013 年日最大和最小流量进行比较分析(见表 3.4、表 3.5)。

**表 3.4　2009—2013 年精河山口站的历年最大、最小流量和日期表**

| 年份 | 最大日流量($m^3/s$) | 日期 | 最小日流量($m^3/s$) | 日期 |
|---|---|---|---|---|
| 2009 | 56.10 | 6 月 25 日 | 1.55 | 2 月 20 日 |
| 2010 | 85.70 | 6 月 19 日 | 1.40 | 3 月 8 日 |
| 2011 | 75.00 | 7 月 15 日 | 0.98 | 3 月 1 日 |
| 2012 | 84.00 | 8 月 2 日 | 0.78 | 3 月 1 日 |
| 2013 | 41.60 | 8 月 9 日 | 0.62 | 3 月 12 日 |

**表 3.5　2009—2013 年温泉水文站历年最大、最小流量和日期表**

| 年份 | 最大日流量($m^3/s$) | 日期 | 最小日流量($m^3/s$) | 日期 |
|---|---|---|---|---|
| 2009 | 23.90 | 6 月 25 日 | 4.43 | 8 月 28 日 |
| 2010 | 77.20 | 7 月 26 日 | 3.24 | 5 月 19 日 |
| 2011 | 61.40 | 6 月 13 日 | 5.38 | 5 月 26 日 |
| 2012 | 64.20 | 7 月 5 日 | 5.24 | 5 月 22 日 |
| 2013 | 52.60 | 7 月 6 日 | 3.36 | 5 月 31 日 |

由表 3.4 和表 3.5 分析可知,精河山口水文站的日最大流量在 6 月、7 月、8 月均出现过,最大值为 85.70 $m^3/s$,发生时间为 2010 年 6 月 19 日;日最小流量则在 2 月和 3 月出现,最小值仅为 0.62 $m^3/s$,发生时间为 2013 年 3 月 12 日;温泉水文站的日最大流量出现在 6 月和 7 月,最大值为 77.20 $m^3/s$,发生时间为 2010 年 7 月 26 日;日最小流量则出现在 5 月和 8 月,最小值为 3.24 $m^3/s$,发生时间为 2010 年 5 月 19 日。精河山口站的日最大和最小流量均有变小的趋势,而温泉站的日最大和最小流量则表现为先增大再变小的趋势。

## 3.3　流域降水量变化分析

### 3.3.1　年降水量变化特征

以 1961—2015 年的主要流域水文站和阿拉山口气象站的逐年降水量数据进行分析(图

3.8),其中,精河山口、温泉和博乐站代表水文站的降水量变化,阿拉山口气象站则代表湖区周边降水量变化。

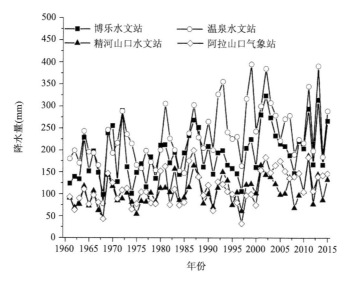

图 3.8　1961—2015 精河山口、温泉、博乐和阿拉山口降水变化量变化

由图 3.8 分析认为:温泉站多年平均降水量为 234.1 mm,为流域最大降水量站,其中,最大年降水量为 394.3 mm,最小则为 77.8 mm,年降水量最高值和最低值之差达 316.5 mm,远高于多年平均值,表明温泉站近 60 年来降水变化幅度较大。其次是博乐站,多年平均降水量为 191.9 mm,年降水量最大与最小值的差值也较大,为 224.5 mm;而阿拉山口和精河多年平均降水量较小,分别为 113.30 mm 和 104.63 mm,年降水量最高值和最低值之差虽小于以上两站,但比例也较大,说明近 60 年来降水变化幅度较大。

通过线性趋势拟合可知(表 3.6),近 50 多年来艾比湖流域降水均呈增加趋势,其中温泉增加趋势最大,增加速率为 19.9 mm/10 a,其次是博乐,为 13.5 mm/10 a,精河增速最小,为 6.9 mm/10 a。由此可以看出,山区的降水量增加最为显著,这也对流域的地表水资源产生重要的影响。从年代际变化来看,20 世纪 80 年代中期以来,各站的年降水量均呈明显增加趋势,90 年代是近 50 多年来最湿润的 10 年,但 21 世纪的头 10 年,降水量则表现为明显的下降趋势,近年又有微弱的增加态势。

表 3.6　1961—2015 年艾比湖流域降水量变化特征分析

| 站点 | 年降水量(mm) | 最高年降水量(mm) | 最低年降水量(mm) | 趋势(mm/10 a) |
|---|---|---|---|---|
| 博乐 | 191.9 | 322.3 | 97.8 | 13.5 * |
| 温泉 | 234.1 | 394.3 | 77.8 | 19.9 * |
| 精河 | 104.6 | 186.0 | 44.8 | 6.9 * |
| 阿拉山口 | 113.3 | 198.6 | 32.1 | 10.7 * |

注:* 表示通过了 95% 的显著性水平检验。

### 3.3.2　降水突变分析

为深入分析各站点降水量的变化情况,分别对精河山口、温泉和博乐三个水文站点降水进行突变分析(M-K 检验结合累积距平分析)和 Mann-Whitney 转换阶段检验,得出如下结果,见表 3.7。

表 3.7　艾精河山口、博乐和温泉站降水量突变及 Mann-Whitney 检验

| 类别 | 水文站点 | 序号 | 时间序列 | 突变时间点 | 变异系数 |
|---|---|---|---|---|---|
| 降水 | 博乐 | 1 | 1961—1984 年 | 1984 年 | 0.2869 |
| | | 2 | 1985—2015 年 | | 0.2544 |
| | 温泉 | 1 | 1961—1985 年 | 1985 年 | 0.0817 |
| | | 2 | 1986—2015 年 | | 0.2357 |
| | 精河山口 | 1 | 1961—1980 年 | 1980 年 | 0.2599 |
| | | 2 | 1981—2015 年 | | 0.2663 |

分析认为:博乐、精河山口和温泉站降水量因子的检验统计量 $|Z_c|>1.96$,即拒绝原假设。$|Z_c|>1.96$,表明博乐站、精河山口站和温泉站降水量序列存在明显的跳跃,且温泉、精河山口、博乐站降水量检验统计量依次降低,说明博乐站降水量序列突变性更明显;在表 3.7 中,温泉站降水量序列前后两个时间段的多年平均值为 195.25 mm 和 266.40 mm,产生了 71.15 mm 的突变度;在 1986—2015 年降水量序列的变异系数为 0.2357,大于 1961—1985 年的 0.0817,波动较为剧烈,并在 1968 年出现极低降水量 77.8 mm,低于整个时段年平均值的 60.15%,而相对于整个时间序列减少了 66.76%,极端高降水量 394.3 mm 出现在 1999 年,与极端低降水量相比增加了 406.81%,降水量极差在三个站点中最大。精河山口站降水量序列前后两个时间段的多年平均值为 88.435 mm 和 113.88 mm,产生了 25.45 mm 的突变度,在三个站点中突变度最小,降水量突变性在三个站点中最弱,与从图 3.8 中得出的结论一致;在 1981—2015 年降水量序列的变异系数为 0.2663,大于 1997—2015 年的 0.25991,波动变化较为剧烈,且精河站两个时间段内的变异系数分别大于温泉站对应的两个时间段的变异系数,降水量局部波动性相对温泉站较大,并在 1968 年出现极端低降水量 44.8 mm,低于温泉站极端低降水量,且低于精河山口站这一时段年平均值的 51.99%,而相对于整个时间序列减少了 57.31%,极端高降水量 186 mm 出现在 2006 年和 2013 年,低于温泉站极端高降水量,且与精河山口站极端低降水量相比增加了 315.18%,降水量极差较小,小于温泉站降水量极差,可以看出,精河山口站的降水量变化范围小于温泉站降水量变化范围。博乐站前后两个时间段降水量的多年平均值分别为 169.26 mm、209.34 mm,产生了 40.08 mm 的突变度,小于温泉站突变度,降水量突变性相对温泉站小;在 1961—1984 年降水量序列的变异系数为 0.2869,大于 1985—2015 年的 0.2544,波动变化较为剧烈,博乐站两个时间段的变异系数分别大于温泉站、精河山口站两个站点的对应时间段的变异系数,反映出博乐站气温序列整体突变性虽然在三个站点中居中,但在两个时间段内降水量局部波动比温泉站和精河山口站要大,并在 1968 年出现极端低降水量 97.8 mm,高于温泉站和精河山口站的极端低降水量,且低于博乐站这一时段年平均值 42.22%,而相对于整个时间序列减少了 49.02%,极端高降水量 322.3 mm 出现在 2002 年,且与博乐站极端低降水量相比增加 229.55%。

# 3.4　流域气温变化特征

## 3.4.1　气温变化特征

同样的,以 1961—2015 年的主要流域水文站和阿拉山口气象站的逐年气温数据进行分析 (图 3.9),其中温泉、博乐和精河水文站分别代表各流域出山口气温变化,阿拉山口气象站临近艾比湖湖区,可代表湖区周边气温变化。

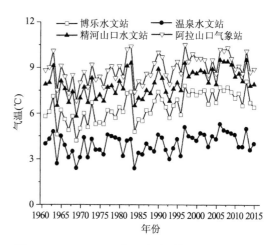

由图 3.9 分析可知:流域多年平均气温的变化具有明显的差异。温泉站多年平均气温最低,为 4.0 ℃,其中年平均最高气温为 5.3 ℃,年平均最低气温为 2.4 ℃,年最低与最高气温差值达 2.9 ℃。博乐站多年的平均气温为 6.4 ℃,气温的年最高和最低值之差高达 3.9 ℃。而阿拉山口和精河两站多年平均气温接近,分别为 8.9 ℃ 和 8.0 ℃,两者的年气温最高值和最低值之差也较大。总体来看,近 60 年艾比湖流域气温年变化幅度较大。

图 3.9　1961—2015 艾比湖流域气温变化示意图

通过线性趋势拟合和 M-K 检验可知(表 3.8),近 50 多年来艾比湖流域气温有明显增暖趋势,其中博乐增暖趋势最大,为 0.38 ℃/10 a,其次是精河和阿拉山口,分别为 0.29 ℃/10 a 和 0.24 ℃/10 a,而温泉增暖趋势最小,为 0.15 ℃/10 a。通过比较发现,山区站点增暖趋势和幅度较小,而绿洲和平原地区增暖幅度和趋势较大,说明人类活动对区域增暖有较大的贡献。艾比湖流域的增暖趋势高于全球的 0.13 ℃/10 a 和全国的 0.22 ℃/10 a。20 世纪 90 年代之后变暖趋势有所减缓,但气温依然在高位波动变化,跟全球和中国变化态势基本一致。21 世纪初依然是过去 50 多年来最热的时期。需要注意的是,在 2005 年之后,气温有微弱的减小趋势,但减小趋势并不显著。

表 3.8　1961—2015 年艾比湖流域阿拉山口、温泉、精河山口和博乐四站的气温特征

| 气象站 | 趋势(℃/10 a) | 年平均气温(℃) | 年平均最低气温(℃) | 年平均最高气温(℃) |
|---|---|---|---|---|
| 阿拉山口 | 0.24 * | 8.9 | 6.8 | 10.5 |
| 温泉 | 0.15 * | 4.0 | 2.4 | 5.3 |
| 精河 | 0.29 * | 8.0 | 5.8 | 9.5 |
| 博乐 | 0.38 * | 6.4 | 4.2 | 8.1 |

注:* 表示通过了 95% 的显著性水平检验。

## 3.4.2　气温突变分析

为深入分析各站点气温的变化情况,分别对精河山口、温泉和博乐三个水文站点气温进行突变分析(M-K 检验结合累积距平分析)和 Mann-Whitney 转换阶段检验,得出如下结果,见

表 3.9。

**表 3.9　艾比湖流域水文站气温突变及 Mann-Whitney 检验**

| 类别 | 观测站点 | 序号 | 时间序列 | 突变时间点 | 变异系数 |
|------|---------|------|---------|-----------|---------|
| 气温 | 博乐 | 1 | 1961—1988 年 | 1988 年 | 0.1315 |
| | | 2 | 1989—2015 年 | | 0.0817 |
| | 温泉 | 1 | 1961—1996 年 | 1996 年 | 0.1714 |
| | | 2 | 1997—2015 年 | | 0.1336 |
| | 精河山口 | 1 | 1961—1996 年 | 1996 年 | 0.1056 |
| | | 2 | 1997—2015 年 | | 0.0778 |

　　分析认为:博乐站、精河山口站和温泉站的气温因子的检验统计量$|Z_c|>1.96$,皆在 0.05 水平下显著,即拒绝原假设,表明三站的气温序列存在明显的跳跃,且博乐、精河山口、温泉站气温检验统计量依次降低,博乐站气温序列跳跃性更明显;在表 3.9 中,博乐站气温序列前后两个时间段的多年平均值为 5.80 ℃和 7.04 ℃,产生了 1.24 ℃的突变度;在 1961—1988 年温度序列的变异系数为 0.1315,大于 1989—2015 年的 0.0817,波动变化较为剧烈,并在 1969 年出现极端低温 4.2 ℃,低于这一时段年平均值的 27.59%,而相对于整个时间序列减少了 34.48%,极端高温 8.1 ℃出现在 2013 年,与极端低温相比增加了 92.86%,气温极差在三个站点中最大。精河山口站气温序列前后两个时间段的多年平均值为 7.55 ℃和 8.6 ℃,产生了 1.05 ℃的突变度,小于博乐站突变度,气温跳跃性相对博乐站较小;在 1961—1996 年温度序列的变异系数为 0.1056,大于 1997—2015 年的 0.0778,波动变化较为剧烈,且精河山口站两个时间段内的变异系数分别小于博乐站对应的两个时间段的变异系数,气温局部波动性相对博乐站较小,并在 1969 年出现极端低温 5.8 ℃,高于博乐站极端低温,且低于精河山口站这一时段年平均值的 23.18%,而相对于整个时间序列减少了 27.04%,极端高温 9.5 ℃出现在 2006 年和 2013 年,高于博乐站极端高温,且与精河山口站极端低温相比增加了 63.08%,气温极差也较大,但小于博乐站气温极差,可以看出,精河山口站的温度变化范围小于博乐站温度变化范围。温泉站气温序列前后两个时间段的多年平均值为 3.76 ℃和 4.45 ℃,产生了 0.69 ℃的突变度,在三个站点中突变度最小,气温突变性在三个站点中最弱;在 1961—1996 年温度序列的变异系数为 0.1747,大于 1997—2015 年的 0.1336,波动变化较为剧烈,温泉站两个时间段的变异系数分别大于博乐站、精河山口站两个站点的对应时间段的变异系数,反映出温泉站气温序列整体突变性虽然在三个站点中最弱,但在两个时间段内气温局部波动比博乐站和精河山口站要大,并在 1969 年和 1984 年出现极端低温 2.4 ℃,低于博乐站和精河山口站的极端低温,且低于精河站这一时段年平均值 36.17%,而相对于整个时间序列减少了 40.0%,极端高温出现在 2006 年,低于博乐站和精河山口站的极端高温,且与温泉站低温相比增加 120.83%,温泉站整体温度范围处于精河山口站温度范围以下,且有大部分温度范围处于博乐站以下,温度最低,而精河山口站的整体温度平均值大于博乐站的整体温度平均值。

# 3.5　艾比湖流域蒸散发量变化特征

## 3.5.1　蒸发潜力变化

蒸发皿观测的蒸发量变化可以反映一个区域的蒸发能力,基于此,对艾比湖流域1960年以来几个气象站∅20 cm 的蒸发量变化数据进行分析,见表 3.10。

表 3.10　艾比湖流域温泉、博乐、精河山口和阿拉山口站的蒸发量特征值

| 站名 | 年蒸发量(mm) | (4—9)月 | | (10—3)月 | | 蒸发量最大值月份 |
| --- | --- | --- | --- | --- | --- | --- |
| | | 蒸发量(mm) | 占年量(%) | 蒸发量(mm) | 占年量(%) | |
| 温泉 | 1146.52 | 994.91 | 86.78 | 151.61 | 13.22 | 5—7 |
| 精河 | 1581.22 | 1349.13 | 85.32 | 232.09 | 14.68 | 5—7 |
| 博乐 | 1563.54 | 1376.22 | 88.02 | 187.32 | 11.98 | 6—7 |
| 阿拉山口 | 4034.53 | 3533.36 | 87.58 | 501.17 | 12.41 | 6—7 |

由流域温泉、博乐、精河山口和阿拉山口四个不同站点蒸发量变化的数据分析,得出流域水面蒸发地区分布的规律性:山区小、平原大,荒漠最大(Brutsaert,1982);东部小,西部大,夏季的蒸发量在85%以上,阿拉山口站的年均蒸发量可高达 4000 mm 以上。其与气温的分布基本相同,与降水分布则相反。

## 3.5.2　潜在蒸散发的变化

选取艾比湖流域精河、温泉和阿拉山口三站,其中博乐站部分数据有缺测,未通过数据质量控制。根据 P-M 模型估算出逐月潜在蒸散发量,再将该数值转化为年值,即得出该流域1961—2015 年逐年潜在蒸散发量的变化情况(图 3.10)。分析认为,阿拉山口站的平均潜在蒸散发量最大,为 1629.4 mm,其中最大值为 1873.3 mm,最小为 1386.0 mm,年潜在蒸散发量的最高和最低值之差 487.3 mm,表明近 60 a 来流域荒漠区的潜在蒸散发量化幅度较大。精河站多年的平均潜在蒸散发量为 993.1 mm,温泉站的多年平均潜在蒸散发量最小,为917.1 mm,温泉与精河山口站的年潜在蒸散发量变化幅度也较大,分别为 316.58 mm 和407.50 mm,但小于阿拉山口站。总体来看,潜在蒸散发量从荒漠到绿洲平原再到山区有较大的变化,绿洲区由于常年温度高,潜在的蒸发量大,而山区温度较低,对蒸发有较强的抑制作用。

通过线性趋势拟合和 M-K 检验(表 3.11)可知,艾比湖流域潜在蒸散发量有明显的阶段性变化特征。近 50 多年来潜在蒸散发量有减小趋势,其中,阿拉山口减小趋势最大,为−43.3 mm/10 a,精河和温泉减小趋势相近,分别为−25.8 mm/10 a 和−21.8 mm/10 a,均通过了显著性水平检验。流域三站潜在蒸散发量均在 20 世纪 90 年代初期发生了突变,但突变特征差异较大。阿拉山口在 1991 年发生了由多至少的突变,其中 1991 年之前为正距平,有波动增加的趋势;而在 1991 年之后减小趋势明显。而精河和温泉均在 1993 年发生增加型突变,1993 年之前潜在蒸散发量有明显的减少趋势,之后明显增加,均通过了显著性水平检验。

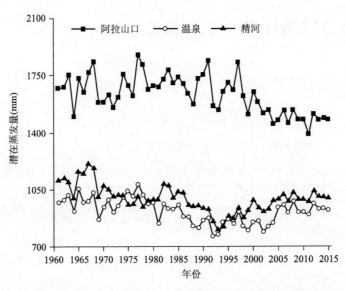

图 3.10 1961—2015 年阿拉山口、温泉和精河山口潜在蒸散发量变化

该流域潜在蒸散发量的突变时间与中国西北干旱区的潜在蒸散发量变化相一致,突变节点相同,但在阿拉山口有反向型的突变。

表 3.11 1961—2015 年阿拉山口、温泉和精河山口潜在蒸散发量数值特征

| 站点 | 年均潜在蒸散发（mm） | 年最高潜在蒸散发（mm） | 年最低潜在蒸散发（mm） | 趋势（mm/10 a） |
|---|---|---|---|---|
| 阿拉山口 | 1629.4 | 1873.3 | 1386.0 | −43.3 * |
| 温泉 | 917.1 | 1077.8 | 761.22 | −21.8 * |
| 精河 | 993.1 | 1208.4 | 800.9 | −25.8 * |

注:＊表示通过了 95% 的显著性水平检验。

### 3.5.3 实际蒸散发变化特征

基于式(2.23)—(2.26),计算得出博乐、温泉和精河等流域的相关参数,具体见表 3.12。

表 3.12 精河山口、博乐和温泉水文站点的气象综合参数表

| 流域 | 气象参数 | | $S_{max}/ET$ | $\tan\beta$ | $A(\text{km}^2)$ | $w$ |
|---|---|---|---|---|---|---|
| | 降水量(mm) | 潜在蒸散发量(mm) | | | | |
| 精河 | 104.6 | 993.1 | 0.0567 | 0.41 | 1419 | 1.1325 |
| 温泉 | 234.1 | 917.1 | 0.0548 | 0.39 | 2206 | 1.1594 |
| 博乐 | 191.9 | 950.6 | 0.0757 | 0.26 | 6627 | 1.9835 |

为了进行艾比湖流域实际蒸散发量的估算,现对姚俊强(2015)等推导出的半经验公式进行检验。图 3.11 对基于水量平衡和 Budyko 假设测算的精河流域实际蒸散发量进行了比较,可以看出,实际的蒸散发总体呈增加趋势,二者的拟合较好。因此,可以利用 Budyko 水热耦合平衡假设的实际蒸散发量估算模型来计算艾比湖流域的实际蒸散发量。

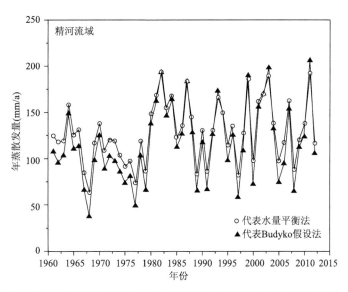

图 3.11　水量平衡法和 Budyko 假设法测算精河流域实际蒸散发量

依据上述方法,基于 Budyko 假设,依据表 3.11 中的相关参数,计算出艾比湖流域的 1961—2015 年逐年实际蒸散发量。如图 3.12 所示,温泉站多年平均实际蒸散发量最大,为 219.8 mm;其次是博乐站,为 184.5 mm;精河的实际蒸散发量最小,为 71.9 mm。显然,近 60 年来流域的实际蒸散发量变化幅度较大。流域多年平均实际蒸散发量大小与降水量的分布较为一致,说明干旱区的实际蒸散发量主要受降水量决定。

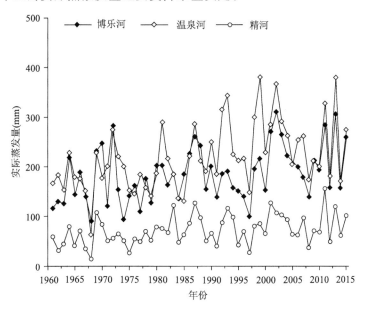

图 3.12　1961—2015 年精河、博乐和温泉实际蒸散发量变化

通过线性趋势拟合和 M-K 检验可知(图 3.12 和表 3.13),艾比湖流域实际蒸散发量有明显的阶段性变化特征。总体来说,近 50 多年来实际蒸散发量有增加趋势,其中温泉增加趋势明显,增加率为 19.8 mm/10a,博乐次之,为 13.3 mm/10a,精河的增加最少,为 7.1 mm/10a。流域实际蒸散发量在 21 世纪初发生了突变,之前有较为显著的增加趋势,21 世纪初 10 年有

下降趋势,在最近几年又有波动上升变化。

表 3.13　1961—2015 年精河、博乐和温泉实际蒸散发量的特征值

| 气象站点 | 趋势(mm/10a) | 最低实际年蒸散发(mm) | 年均实际蒸散发(mm) | 最高实际年蒸散发(mm) |
|---|---|---|---|---|
| 温泉 | 19.8 * | 63.5 | 219.8 | 379.7 |
| 精河 | 7.1 * | 15.3 | 71.9 | 156.4 |
| 博乐 | 13.3 * | 90.4 | 184.5 | 310.5 |

注:* 表示通过了 95% 的显著性水平检验。

## 3.6　径流对气候变化的响应

### 3.6.1　径流与气象参数的相关性分析

干旱区流域的地表径流深受山区降水量和气温变化的影响。气温和降水是基本的气候因子,降水直接影响径流,是产生径流的直接原因,而气温通过影响蒸散发间接影响径流,两者共同影响着流域径流过程。通过对艾比湖流域主要河流径流量、气温和降水量的分析发现,艾比湖流域年内分布型和对应山区降水量和气温的年内分布极为相似,表明该流域径流量与降水量和气温在年内尺度上具有内在关联性和相似的分布性。

为进一步定量分析河流流量对气候因子的响应,分别进行了主要流域径流量、气温和降水量的相关分析(图 3.13),结果表明精河和温泉站的径流量与气温的关系不明显,但径流量与降水量的较为明显,$R^2$ 分别为 0.35 和 0.19。在博乐站,径流量与气温和降水量的 $R^2$ 分别为 0.27 和 0.54,反映了气温和降水量变化对径流的差异性影响,这也表明了博乐站径流量的变化较为复杂。

### 3.6.2　气候因子与径流的赫斯特(Hurst)指数分析

采用 R/S 分析,对艾比湖流域 1961—2015 年 55 年的年平均气温、降水量及流域 1957—2015 年 59 年的径流量序列进行计算,以揭示其变化关系(表 3.14 和图 3.14)。

表 3.14　艾比湖流域三个水文站气候因子和径流 R/S 分析

| 类别 | 观测站 | 时间序列数 N | 平均值 | 检验统计量 $Z_c$ | 时间序列变化率 β | 判定状态 $H_0$ | 趋势 | H 值 |
|---|---|---|---|---|---|---|---|---|
| 气温 | 博乐 | 55 | 6.40 | 5.1833 | 0.0412 | R | 递增 | 0.9533 |
| | 温泉 | 55 | 3.99 | 2.6860 | 0.0143 | R | 递增 | 0.8205 |
| | 精河山口 | 55 | 7.96 | 3.9056 | 0.0313 | R | 递增 | 0.8754 |
| 降水量 | 博乐 | 55 | 191.85 | 2.9183 | 1.3851 | R | 递增 | 0.6731 |
| | 温泉 | 55 | 234.06 | 3.1797 | 1.7644 | R | 递增 | 0.8399 |
| | 精河山口 | 55 | 104.63 | 2.4755 | 0.6789 | R | 递增 | 0.6820 |
| 径流量 | 博乐 | 59 | 4.92 | 1.2229 | 0.0069 | A | 微递增 | 0.9283 |
| | 温泉 | 59 | 3.14 | 0.4054 | 0.0011 | A | 微递增 | 0.7769 |
| | 精河山口 | 59 | 4.67 | −1.0267 | −0.0048 | A | 微递减 | 0.5827 |

注:R 表示拒绝原假设,A 表示接受原假设。

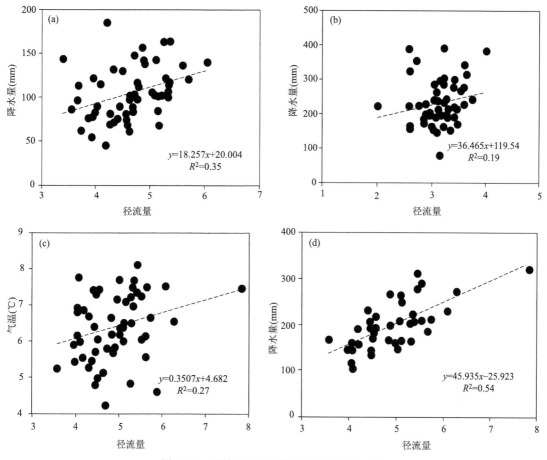

图 3.13　流域径流量与气温和降水量的关系
(a)精河站,(b)温泉站,(c)和(d)博乐站

分析认为:艾比湖流域的气温和降水量$|Z_c|>|Z_a|$,皆拒绝原假设,表明博乐、温泉、精河山口三个水文站的气温和降水量呈显著增加趋势,其中博乐站和温泉站的降水量增加趋势相近,略大于精河山口站的增加趋势,而温泉站和精河山口站的气温增加趋势相近,小于博乐站的增加趋势,其倾斜度值分别为 0.04 ℃/a、0.01 ℃/a、0.03 ℃/a,55 年以来三站的平均值分别为 6.4 ℃、3.4 ℃、8.0 ℃和 191.9 mm、234.0 mm、104.6 mm。从径流量的变化方面来看,博乐、温泉和精河山口站的径流量$|Z_c|<|Z_a|$,接受原假设,表明这三个站点的径流量的变化趋势不明显,其中博乐、温泉站的径流量呈微递增的趋势,而精河山口站的径流量呈微递减的趋势,其平均值为 4.92×$10^8$m$^3$、3.14×$10^8$m$^3$、4.67×$10^8$m$^3$,其倾斜度值分别为 0.007×$10^8$m$^3$/a、0.0011×$0^8$m$^3$/a、$-0.005×10^8$m$^3$/a。三者的赫斯特指数 $H$ 值分别为 0.9533、0.8205、0.8754 和 0.6731、0.8399、0.6820 以及 0.9283、0.7769、0.5827,这意味着气候和水文的变化具有较强的持续性。

降水和气温对径流的影响程度存在差别,这与径流形成的组分关系密切(陈亚宁,2009)。分析可知,两河的补给来源差异较大,精河发源于中天山区域,其径流变化与天山北坡中段的诸河流具有相似性,即主要靠季节性雨水补给为主;而博河地处阿拉套山和别珍套山间的谷地,暖湿气流较多,其径流主要以雨水、高山融雪水和地下水共同补给而形成。降水以雨雪的

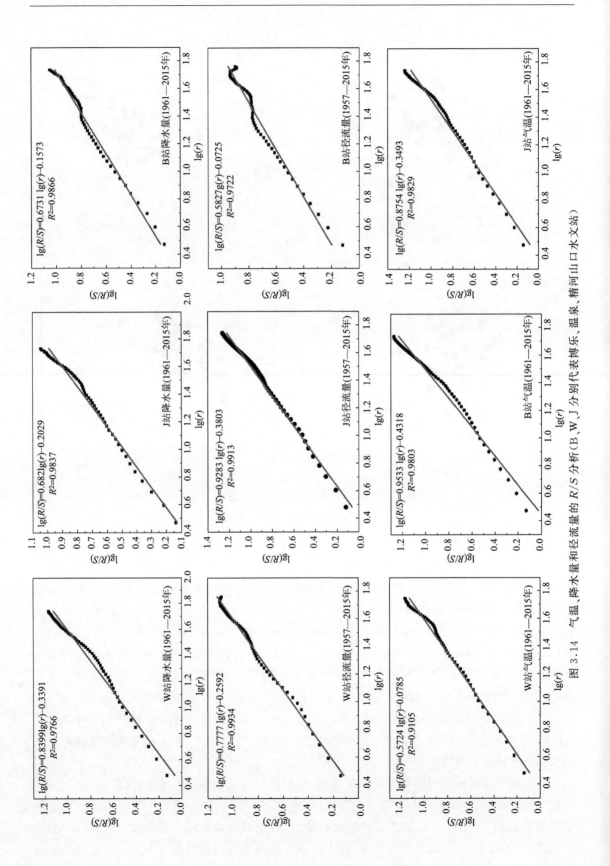

图 3.14 气温、降水量和径流量的 $R/S$ 分析（B、W、J 分别代表博乐、温泉、精河山口水文站）

形式通过汇流直接补给径流,且能增加山区积雪的积累量,对流量变化的影响更加直接。而气温影响径流的形式复杂,主要以影响冰雪消融和影响蒸发量的形式。如孟现勇(2014)在军塘湖河的研究发现:当温度上升 3 ℃时,流域的融雪现象会迅速提前,而在山区增暖背景下,融雪期天数有明显增加(李宝富 等,2012)。气温的增加又会引起蒸发的增加。由水量平衡方程可知,蒸发量、径流量和降水量三者间此消彼长,降水量不变的情况下,蒸发量的增加会消耗更多的地表水资源,引起径流减少。因此,受流域径流组分的差异性,气候因子对流域不同径流的影响程度差异显著。

### 3.6.3　径流变化归因的量化甄别

依照前文分析的结果,以径流的突变点作为分析的拐点,可以将径流的变化分为两个阶段。根据水量平衡和 Budyko 理论,利用公式(2.23)—(2.31)得出相关结果(表 3.15)计算得出艾比湖流域干旱指数 $S$,在精河为 9.5,在温泉为 3.9,在博乐为 4.9。参数 $w$ 利用上述计算结果,即在精河为 1.1325,在温泉为 1.1594,在博乐为 1.9835。降水对径流量变化的敏感性系数 $\dfrac{\partial R}{\partial P}$ 在精河站、温泉站和博乐站分别为 0.004、0.044 和 0.014;相应的,潜在蒸散发对三个站径流量变化的敏感性系数 $\dfrac{\partial R}{\partial ET_0}$ 分别为 $-0.002$、$-0.02$ 和 $-0.007$。研究结果与流域实际相符,本研究涉及的流域面积是流域的集水面积,即径流的形成区,主要以山地草原和森林为主,在河源有冰川和永久性积雪,气温较低,实际蒸发消耗的水分较少,实际蒸发对水资源变化的影响有限。根据计算结果(见表 3.15),在精河、温泉河和博乐河流域,降水量变化对径流量的影响 $\dfrac{\partial R}{\partial P}\Delta P$ 分别为 28.26%、54.19% 和 28.5%,而蒸发量变化对径流量的影响 $\dfrac{\partial R}{\partial ET_0}\Delta ET_0$ 分别为 18.61%、1.48% 和 22.54%。

表 3.15　精河山口、温泉和博乐三站径流归因影响的定量甄别

| 观测站 | $\Delta R$ | $\dfrac{\partial R}{\partial P}$ | $\Delta P$ | $\dfrac{\partial R}{\partial ET_0}$ | $\Delta PET$ | $\Delta Climate$ | 贡献率(%) |
|---|---|---|---|---|---|---|---|
| 精河 | 0.3 | 0.004 | 21.2 | $-0.002$ | $-27.9$ | 0.1406 | 46.87 |
| 温泉 | 5.4 | 0.044 | 66.5 | $-0.020$ | $-40$ | 3.006 | 58.94 |
| 博乐 | 2.5 | 0.014 | 51 | $-0.007$ | $-80.5$ | 1.2775 | 51.10 |

注:$\Delta R$ 年均径流变化量,$\Delta P$ 年均降水变化量,$\Delta PET$ 潜在蒸散发的变化量,$\Delta Climate$ 气候变化引起的径流变化量。

综合分析认为,精河、温泉河和博乐河流域的径流量变化中因气候变化(降水增加和蒸发减少)引起的径流变化贡献分别为 46.87%、58.94% 和 51.10%。而因人类活动引起的径流量的变化贡献分别为 53.13%、41.06% 和 48.90%。精河站由于人类活动干扰过多,如上游附近下天吉水库的修建及采矿等行为严重影响其径流,尽管气温和降水在增加,但其径流总体呈缓慢下降的趋势;而温泉和博乐站的气温和降水增加明显,人类活动的干扰未超过气候因子的影响,故两站的径流总体呈增加趋势。

## 3.7 本章小结

（1）采用滑动平均、累积距平、Mann-Kendall 检验、Mann-Whitney 转换阶段检验、小波分析法和径流年内分配特征指数等方法对流域精河山口、温泉和博乐三个水文站 1960—2015 年的径流进行了多尺度变化分析。研究认为：精河山口站的年径流量突变不明显，径流量总体上有减小的趋势；温泉站在 1973—1983 年和 1989—1996 年的年径流量下降趋势明显，并且径流量在 1997 年发生变异，博乐站在 1968—1996 年的递减趋势明显，1997—2015 年呈现递增的趋势，年径流量在 1997 年发生变异，温泉站和博乐站的径流量均表现为略微增加的趋势。周期变化方面，精河山口站的周期变化规律为 30 a、15 a、6 a，温泉站为 28 a、13 a、6 a，博乐站则为 32 a、17 a、11 a。由径流的年内变化分析可知，精河山口、温泉站的径流主要集中在一年中的 6—8 月，其夏季的径流量大，而博乐站集中在 11 月至次年 3 月，其冬季的径流量大，精河与博河的径流呈现出时间上的"互补性"。

（2）近 60 年来，艾比湖流域的气温、降水量和实际蒸发量都有了显著的增加趋势，但潜在蒸散发量有减弱趋势。气候因子在 20 世纪 90 年代前后均发生了明显的突变，并对流域的径流变化有重要影响。

（3）采用气候敏感法，甄别了气候变化和人类活动对径流影响的贡献率，在精河、温泉和博乐三个水文站，降水量变化对径流量的影响 $\frac{\partial R}{\partial P}\Delta P$ 分别为 28.26%、54.19% 和 28.5%，而蒸发量变化对径流量的影响 $\frac{\partial R}{\partial ET_0}\Delta ET_0$ 分别为 18.61%、1.48% 和 22.54%。因此，流域的径流量变化中因气候变化（降水增加和蒸发减少）引起的径流变化贡献分别为 46.87%、58.94% 和 51.10%，人类活动对径流变化贡献则分别为 53.13%、41.06% 和 48.90%。

# 第4章 流域地表径流情景模拟及分析

## 4.1 研究思路

自然界的气候一直在发生着周期性的起伏变化,剧烈的人类活动如土地利用方式、砍伐森林、草原放牧、拦水建坝以及污染排放等行为则是全球变化的重要诱因。如由于含碳元素开发及燃烧等工业活动一直在向大气中释放碳,从而使地球温度升高,导致温室效益明显。土地使用和气候变化最终将重新威胁到人类的生活和环境。研究表明,水资源极易受到这些变化的影响(Wilk et al.,2002;Joyeeta et al.,2010)。然而,由于气候,景观,土壤和社会经济地位等差异,不同区域的水资源对土地利用和气候变化的响应千差万别,量化这种差异显得十分重要而且很有意义。

SWAT 模型能够较为准确地模拟气候变化和人类活动影响下流域下垫面对水循环的影响,从而精细刻画流域尺度水文循环过程的时空变化响应(左德鹏 等,2012;赖正清 等,2013;王中根 等,2003;董煜,2016)。为充分掌握气候和土地利用变化下艾比湖流域的水文响应,尤其是在未来极端状况下水文要素的变化情况,本章以分布式水文模型 SWAT 为工具,利用 CMADS 驱动数据(孟现勇 等,2017;孟现勇,2016),设置不同的气候和土地利用情景,探讨不同情景下流域出山口水文站-精河山口和温泉站的径流响应过程。

## 4.2 径流多尺度模拟

基于 SWAT 模型的艾比湖流域径流年、月、日尺度模拟结果见图 4.1—4.4。分析认为:精河站的降水递减率(PLAPS)为 51.3 mm/km,气温递减率(TLAPS)为 −4.21 ℃/km(见表2.3),其他值均在取值范围内,降水递减率和气温递减率值异常。率定结果表明(表 4.1),CMADS 驱动 SWAT 模型(CMADS+SWAT)结果相对于实测气象数据驱动 SWAT 水文模型(OBS+SWAT)有了很大的提高。

由图 4.1—4.4 分析可知:OBS+SWAT 和 CMADS+SWAT 高估了温泉站和精河站的各年平均径流量,逐月尺度上,温泉站 OBS+SWAT 的 NSE 效率系数在率定期和验证期分别为 0.43 和 0.38,CMADS+SWAT 的结果为 0.79 和 0.71,CMADS 大大提高了模型模拟径流的精度。精河水文站的率定结果较好,CMADS+SWAT 在率定期和验证期的 NSE 分别为 0.87 和 0.82,结果较为满意。逐日尺度上,CMADS+SWAT 在温泉站的 NSE 效率系数为 0.72 和 0.69,在精河站的 NSE 效率系数分别为 0.77 和 0.71,相比于 OBS+SWAT 同样提高较多。逐月尺度上对比 CMADS+SWAT 和 OBS+SWAT 发现模拟结果偏大,尤其是后者偏大更多,但和实测径流过程线拟合度依然较高。

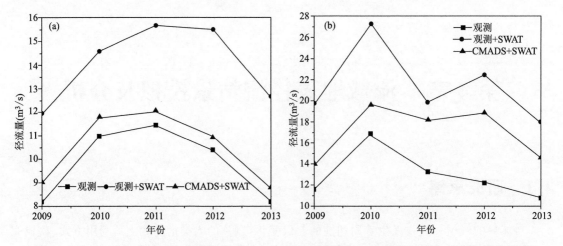

图 4.1　2009—2013 年不同气象数据驱动 SWAT 模型的温泉站（a）和精河山口站（b）逐年模拟结果

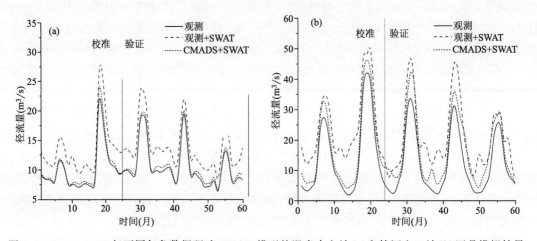

图 4.2　2009—2013 年不同气象数据驱动 SWAT 模型的温泉水文站（a）和精河山口站（b）逐月模拟结果

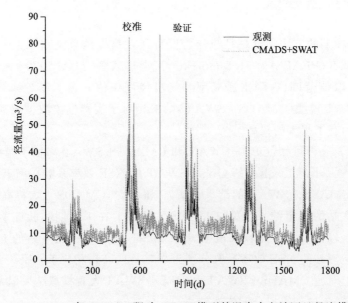

图 4.3　2009—2013 年 CMADS 驱动 SWAT 模型的温泉水文站逐日径流模拟结果

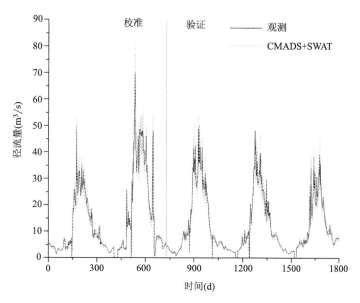

图 4.4　2009—2013 年 CMADS 驱动 SWAT 模型的精河山口水文站逐日径流模拟结果

**表 4.1　观测＋SWAT 与 CMADS＋SWAT 两种驱动模式在精河山口与温泉站月、日尺度的模拟结果比较**

| 驱动模式 | 时间尺度 | 温泉水文站 | | | | 精河水文站 | | | |
| | | 率定 | | 验证 | | 率定 | | 验证 | |
| | | NSE | $R^2$ | NSE | $R^2$ | NSE | $R^2$ | NSE | $R^2$ |
| --- | --- | --- | --- | --- | --- | --- | --- | --- | --- |
| 观测＋SWAT | 月 | 0.43 | 0.64 | 0.38 | 0.6 | 0.53 | 0.77 | 0.47 | 0.63 |
| | 日 | 0.17 | 0.69 | 0.21 | 0.5 | 0.39 | 0.71 | 0.35 | 0.59 |
| CMADS＋SWAT | 月 | 0.79 | 0.88 | 0.71 | 0.9 | 0.87 | 0.94 | 0.82 | 0.91 |
| | 日 | 0.72 | 0.84 | 0.69 | 0.9 | 0.77 | 0.86 | 0.71 | 0.89 |

## 4.3　不同气候情景下的径流模拟

气候变化过程较为缓慢,对流域的水循环作用具有长期性的特点。寒旱区河流产汇流过程具有典型特征,降水是流域水资源的来源,但以多种形式参与流域的水循环。气温是控制降水形式、时空分布的主要因素。气温的升高将改变雨雪,加速冰川、积雪消融,短期内造成流域径流量增加。为探讨流域气温、降水变化情景下流域的水资源变化情况,本次研究设置 8 种气候变化情景(表 4.2),分别是降水在现有的基础上气温增加－2 ℃、2 ℃和 4 ℃,在气温不改变的情况下,降水增加－10％、10％和 15％,以及气温和降水同时增加的情景下径流的年内变化。

**表 4.2　气候变化情景**

| 气候变化情景模式 | A | B | C | D | E | F | G | H |
| --- | --- | --- | --- | --- | --- | --- | --- | --- |
| 气温因子 | －2 ℃ | 2 ℃ | 4 ℃ | 0 | 0 | 0 | 1 ℃ | 2 ℃ |
| 降水因子 | 0 | 0 | 0 | －10％ | 10％ | 15％ | 5％ | 10％ |

### 4.3.1　气温变化影响径流模拟

　　气温变化对径流的影响模拟结果见图4.5,分析认为:流域上游的温泉水文站,冬季河道流量较小,气温升高或减少对径流的影响较小。气温在春季融雪期的变化对径流的影响较大,当气温降低2 ℃,温泉水文站年径流相对增加−32%;当气温升高2 ℃,年径流量相对增加44%,其中春季径流量由7.4 m³/s增长为17.3 m³/s,气温升高4 ℃,年径流增加59%,春季径流量增长到26.4 m³/s。主要是因为流域受冰雪补给,当气温升高加速冰雪消融,在不同季节补给径流造成径流显著增加,当气温升高4 ℃,径流在春季快速增加,夏季及其他季节稍有增加,但已不是十分明显。气温的升高,对冰雪产流区的直接作用是汛期提前,春季径流增加明显。下游精河水文站也同样表现出这样的特征,而且更为明显。当气温降低2 ℃,径流相对减少21%,汛期滞后;当气温增加2 ℃,年平均径流量由12.9 m³/s增加为21.3 m³/s,汛期提前明显,其中春季径流量由5.7 m³/s增加为20.5 m³/s。

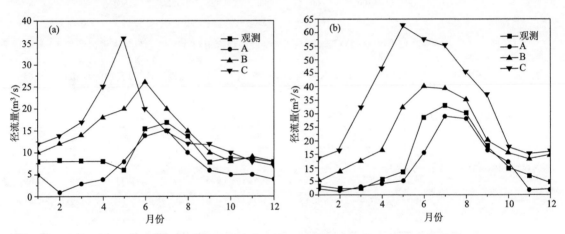

图4.5　气温变化情景下温泉水文站(a)和精河水文站(b)径流变化过程

### 4.3.2　降水变化影响径流模拟

　　降水变化对径流的影响模拟结果见图4.6,分析认为:当气温不变时,降水量增加,径流主要表现为汛期增加了来水量,在春季由于融雪量的相对增加,也会引起径流增加。上游温泉站设置在流域出山口,春季的冰雪融水和夏季的高山降水是流域主要的补给来源,当年内降水增加10%,年平均径流量由原来的9.4 m³/s增加到26.8 m³/s,春季和夏季的径流量分别由原来的7.4 m³/s和15.4 m³/s,增加到25.4 m³/s和40.5 m³/s。同样的变化特征仍然体现在精河山口站,该站的集水区更大,当降水量增加10%和15%,夏季的径流量成倍增加,春季径流也有增加,但是没有夏季增加剧烈,当降水减少10%时,温泉站的冬春季径流量明显减少,精河山口站则在夏季下降明显,表明降水减少的情景与径流的峰值时段相吻合。

### 4.3.3　气温和降水综合变化影响径流模拟

　　气温和降水量同时增加的情景下(情景G和情景H,见图4.7),径流增加十分明显。一方

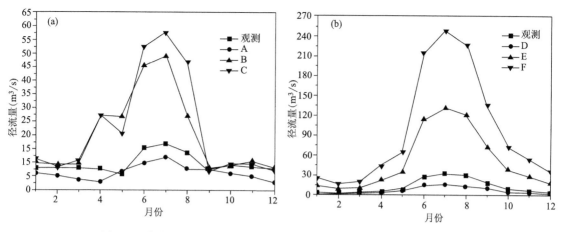

图 4.6　降水变化情景下温泉水文站(a)和精河水文站(b)径流变化过程

面冰雪融水大量增加,高山降水也有增加,直接导致径流大幅度增加,且汛期提前。在温泉水文站,温度升高 1 ℃,降水增加 5%,年径流量从原来的 9.8 m³/s 增加到 25.3 m³/s;当气温升高 2 ℃,降水增加 10%,年径流量增加到 32.4 m³/s。精河水文站的径流变化情况与温泉站相似,但是没有温泉水文站剧烈。当温度升高 1 ℃,降水增加 5%,年平均径流量由原来的 13.4 m³/s 增加到 27.3 m³/s;当气温增加 2 ℃,降水增加 10%,年径流量增加到 40.3 m³/s。

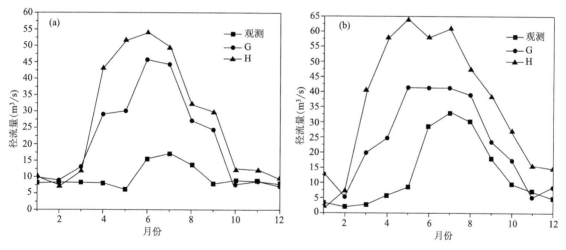

图 4.7　气温、降水同时变化情景下温泉水文站(a)和精河水文站(b)径流变化过程

## 4.4　不同土地利用情景下的径流模拟

土地利用变化对径流的影响较为复杂且剧烈,如地表植被类型的变化将改变截留、下渗、填洼等过程;水库、人造沟渠等水利工程直接改变径流过程。为此,本书在艾比湖流域的上游进行土地利用变化对径流影响的情景模拟,共设置 3 种土地利用情景(表 4.3):(1)水域、建设用地和其他用地不变的基础上,林地、草地和灌木林分别减少 1/3,减少的土地面积变为耕地;(2)在耕地、林地、灌木林、建设用地和其他用地不变的基础上,水域面积减少 1/3,减少的水域

面积变为草地;(3)在耕地、水域和其他土地利用方式不变的基础上,草地、林地和灌木林减少1/5,变为城市建设用地。

表 4.3    不同情景下艾比湖流域上游土地利用覆被面积表

| 土地利用类型 | 基质(km²) | S1(km²) | S2(km²) | S3(km²) |
|---|---|---|---|---|
| 耕地 | 1156.2 | 3836.2 | 1156.2 | 1156.2 |
| 林地 | 413.2 | 275.5 | 413.2 | 330.6 |
| 草地 | 7121.0 | 4747.3 | 7245.4 | 5696.8 |
| 灌木林 | 505.9 | 337.2 | 505.9 | 404.7 |
| 水域 | 373.3 | 373.3 | 248.9 | 373.3 |
| 建设 | 120.1 | 120.1 | 120.1 | 1728.3 |
| 其他用地 | 1585.3 | 1585.3 | 1585.3 | 1585.3 |

三个不同的土地利用情景下,精河站在情景 S1、S2 和 S3 的年平均径流量分别是 10.35 m³/s、11.6 m³/s 和 12.75 m³/s,相对增长−21%、−12%和 11.6%。温泉站的年平均径流量分别为 10.3 m³/s、9.1 m³/s 和 11.2 m³/s,变化较小。耕地面积增加的情景下(S1),由于耕地面积的增加,灌溉用水量会显著增加,其次耕地面积的增加也会导致蒸散发量增加,导致径流降低十分明显,尤其是夏季。水域对径流有一定的补给和调控功能,在 S2 情景下流域内水域面积减少对径流量的影响较小,精河站和温泉站在水域面积减小的情况下,夏季径流减少。S3 情景是流域内草地退化,建设用地显著增加,林地、草地和灌木林具有一定的持水能力,当大面积退化或开发成城区后,流域含水、持水能力下降,造成夏季汛期的径流量更加集中。在 7 月、8 月,由于草地退化,温泉站的径流量显著增加(图 4.8)。

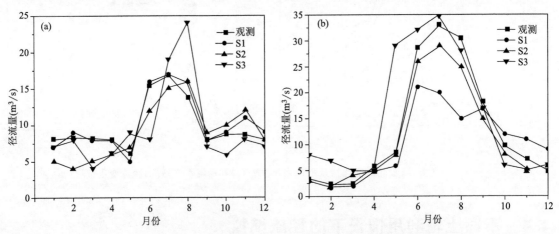

图 4.8    土地利用变化情景下温泉水文站(a)和精河水文站(b)径流变化过程

## 4.5    本章小结

本章首先利用气象站点实测数据和 CMADS 分别驱动 SWAT 水文模型,分析两种气象数据在流域的代表性和可靠性,进而分别设置了土地利用和气候变化的 8 种情景模式,并模拟流域出山口—温泉和精河山口的径流量变化过程及规律。主要得到以下结论。

(1)CMADS 在精河、博河流域具有较好的代表性和可靠性,很大程度上提高了模型对径流的模拟效果。逐月尺度上,温泉水文站和精河水文站 CMADS+SWAT 率定期的 NSE 效率系数分别为 0.79 和 0.87,在验证期的效率系数分别为 0.71 和 0.82;逐日尺度上 CMADS 在两个水文站点的 NSE 效率系数在 0.69~0.77。相比之下实测气象数据驱动 SWAT 模型的模拟效果较差,NSE 效率系数在 0.5 以下。

(2)本文通过设置 8 种气候变化情景模拟径流过程发现,气温升高会导致融雪期提前,增加的冰雪消融补给河川径流,导致春、夏季径流增加显著。降水量的增加使得流域年内峰值期的径流量(如精河站与温泉站 6—8 月的径流量)也显著增加。在气温升高 4 ℃、2 ℃和 −2 ℃,而降水量不变的情景下,精河水文站年净流量增加 169%、65% 和 −21%,尤其是春季径流增加最为明显;在气温不变,降水增加 −10%、10% 和 15% 的情景下,精河站的年径流量增加 −46%、300% 和 650%;气温和降水同时增加的情景下,径流则表现为显著性的大幅度增加。

(3)通过设置不同的土地利用变化情景发现,流域内耕地面积增加,会很大程度上减少径流,这在精河山口站的径流变化过程中更为明显。流域内湖泊、湿地等水域有助于消减洪峰流量,补给枯水期径流。当流域内水域面积减少,导致年径流量减少。草地、林地和灌木林能够涵养水资源,面积减少引起汛期径流量更加集中。

# 第5章 人类活动对流域灌区水资源及入湖水量的影响

## 5.1 研究思路

艾比湖流域的地表径流自出山口附近,大部分由各引水渠引走,用于绿洲的社会经济发展,最后的余水进入尾闾—艾比湖。随着绿洲规模的持续扩大,在地表水无法满足需求的情况下,人类还开采了大量的地下水资源,导致入湖的径流逐年减少(王璐 等,2011;马倩 等,2011)。显然,绿洲灌区的社会经济用水和入湖水量的大小受人类活动的影响强烈。

近 60 年来,艾比湖流域的人口增加了 12.51 倍,与此同时,流域的引水量增加了 3.78 倍,灌溉面积增加到 21.90 万 $hm^2$,绿洲灌区消耗了大量的水资源,与此同时,入湖水量从高峰期的 12.23 亿 $m^3$(2002 年)减少到 4.90 亿 $m^3$(2015 年)。为此,本章首先分析绿洲近年来的地表引水量和地下水开采量情况;然后,对绿洲主要的用水变化如农田用水、生活用水、工业用水等变化特征进行分析;最后,分析流域入湖水量的变化特征。

## 5.2 绿洲灌区水资源变化特征

### 5.2.1 地表引水量和地下水开采量变化分析

流域的供水主要来自径流出山口的地表径流引水和开采地下水之和,近 60 年来,人口的增加、绿洲扩张特别是耕地面积的增加,导致供水量发生变化,为此,本章利用博州水利局和精河、博河流域管理处提供的相关数据结合博州的统计年鉴数据进行分析,结果见图 5.1。

由图 5.1 可知,1960—1965 年,流域的人口由 7.79 万增加到 13.78 万,同一时期,引水量也达到峰值,为 27.01 亿 $m^3$,这一时期引水量大的主要原因是流域进行大规模的开发,对庄稼进行大水漫灌,其他行业的用水也表现为无节制性;1965—1985 年,人口继续快速增长,在此期间,人类逐渐修建水库及渠系工程,引水量开始逐渐减少;1985—1990 年,由于人口的增长幅度较大,以及耕地开荒现象明显,此间的引水量又增加了 1.44 亿 $m^3$;1990—2005 年,由于人口增加的速度放缓了许多,同期,流域通过修筑防渗渠和发展喷灌、滴灌等节水设施,节约了大量的水资源,表现为引水量的持续减少;2005—2015 年,人口继续缓慢增加,但流域的耕地开荒力度加大,表现为引水量又开始持续上升。总体来说,1960—2015 年,人口增加了 40.18 万,引水量虽然比 1960 年有明显的减少(减少值为 6.62 亿 $m^3$),但 2005 年后的引水量增加也较为明显(如 2015 年的引水量相比 2005 年,增加值为 2.03 亿 $m^3$),这表明人口规模的迅速扩大和绿洲快速扩张对水资源的开发和利用带来了较大的压力。

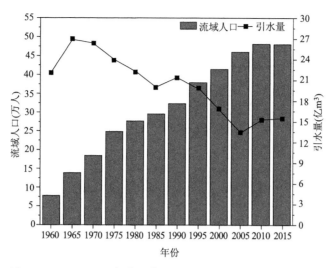

图 5.1　1960—2015 年艾比湖流域人口数量及引水量变化情况

为进一步分析近年来的流域灌区的水资源变化情况,对 2005—2015 年间的地表水引水量和地下水开采量进行分析,结果见图 5.2。

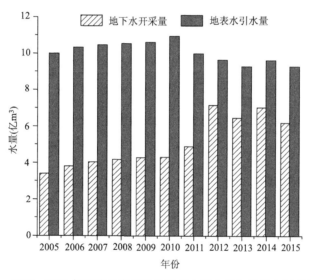

图 5.2　2005—2015 年间艾比湖流域的地表水引水量和地下水开采量情况

由图 5.2 分析可知,2005—2015 年间,流域的引水量和地下水开采量总体上增加明显。其中,2012 年的供水量达到最大值,同一年度的地下水开采量也达到最大值,为 7.18 亿 m³。2014 年也是用水的高峰年,其引水总量和地下水的开采量位居第二,2010 年的地表水引水量达到最大值,为 10.96 亿 m³。这表明随着社会经济的发展,灌区的用水量呈增加的趋势,在地表水供给不足的情况下,通过打井抽取地下水来增加用水量。

为分析不同区域的社会经济用水情况,分别对流域的博乐市、精河县、第五师和温泉县的地表引水变化情况进行分析,如图 5.3 所示(阿拉山口在 2012 年前隶属于博州,且其地表引水量很少,在此不做分析)。

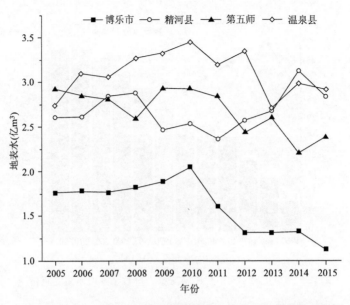

图 5.3　2005—2015 年间艾比湖流域分区域地表水引水量分析

从图 5.3 中可以看出,4 个区域的地表引水情况的变化为:博乐市的引水量在 2010 年前持续增长,并在当年达到最大值,为 2.05 亿 m³,精河县的引水量在 2008 年达到一个高峰值,为 2.88 亿 m³,然后开始减少,直到 2014 年达到最大值,为 3.13 亿 m³,然后又有减少的趋势;第五师的引水量总体是减少,但波动较大,从 2005 年后开始下降,到 2008 年又有增加的趋势,2010 年后又开始减少,2013 年后又开始增加;温泉县的引水量在 2010 年时高达 3.45 亿 m³,之后又有所减少。

同样的,对流域的地下水开采情况进行分析,如图 5.4 所示。

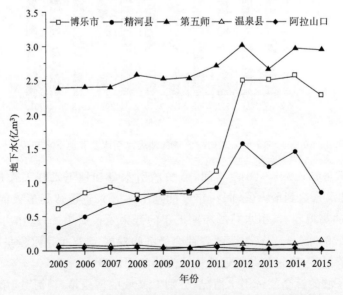

图 5.4　2005—2015 年艾比湖流域分区域地下水开采量情况

从图 5.4 可知:流域的地下水开采量总体呈现增加的趋势,开采量大小依次为:第五师、博乐市、精河县、温泉县和阿拉山口。其中,第五师的开采量在 2012 年达到最高值,为 3.01 亿 m³,之后略有下降;博乐市的地下水开采量在 2010 年后开始迅速增加,在 2014 年间达到峰值,为 2.57 亿 m³,精河县的也在 2011 年后迅速增加,2012 年达到最大值,为 1.44 亿 m³,之后,略有下降;温泉县的开采量持续增加,2012 年值接近 0.10 亿 m³,2015 年达到 0.13 亿 m³;阿拉山口由于人口较少,无农业灌溉和重要工业,其地下水开采量波动较大,但始终没有超过 0.05 亿 m³。

综合分析,认为:流域不同区域的水资源利用状况差异较大,温泉县由于地处山间盆地,水资源相对丰富,因此,地表引水较多;博乐市、精河县和第五师境内都种植大量的农作物,在用水高峰期的 6—8 月,由于地表水资源无法满足需求时,通常需要大量开采地下水来维持农业灌溉(如距离河道较远的第五师的部分连队常年无法引到地表水,只能通过开采地下水维持生活和发展农业经济)。这表现为流域的地下水开采量总体增加明显。

## 5.2.2　农业用水量变化分析

艾比湖流域的农业用水主要包括农田灌溉用水和林、牧、渔、畜业等用水,其中,农田灌溉用水占农业用水的绝对比例(Shen et al.,2008)。为此,进行 1980—2015 年间的农业用水和灌溉面积的变化分析,如图 5.5 所示。

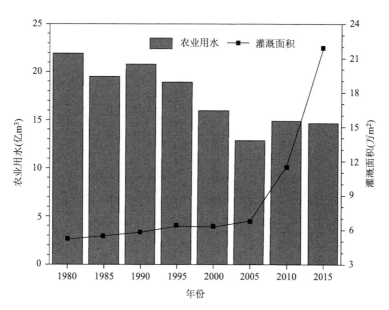

图 5.5　1980—2015 年间艾比湖流域农业用水和灌溉面积变化情况分析

由图 5.5 分析认为:1980—2015 年间,流域的灌溉面积在持续增加,由 5.27 万 hm² 增加到 21.90 万 hm²,而农业用水则表现为减少的趋势,由 21.90 亿 m³ 减少到 14.72 亿 m³。农业用水的变化可以分为两个阶段:1980—2005 年,由于渠系防渗能力的改善、作物结构调整以及高效节水农业的逐步推广,农业用水减少的趋势较为明显;2005—2015 年,由于绿洲持续扩大、土地整合及高标准农田的建设,耕地迅速扩张,灌溉面积也飞速增加到 15 万 hm²,其增速远快于节水设施面积(10.73 万 hm²,2015 年)的增速,所以农业灌溉水量则表现为一定程度的增加。

结合前文关于流域供水量变化的情况并综合分析,认为:1980—2015 年,流域的农业用水比例始终高于 95%,由最高期的 98.78%(1980 年)下降至 95.09%(2015 年),显然,农业用水占流域用水项的绝对地位。

### 5.2.3　作物耗水量分析

为深入分析农田灌溉用水的变化特征,首先对艾比湖流域 2000—2015 年间五大作物类型——粮食、棉花、油料、枸杞和甜菜的作物种植面积变化情况进行分析(Guo et al.,2013),结果见图 5.6。

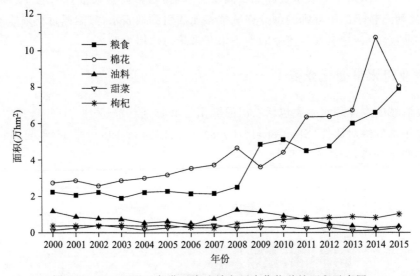

图 5.6　2000—2015 年艾比湖流域主要农作物种植面积示意图

分析认为:作物的种植面积在 2000—2015 年间呈明显的增加趋势。其中,粮食作物面积在 2000—2008 年变化不大,最小值为 2003 年的 1.89 万 hm²,2008 年增加到 2.49 万 hm²;2008 年后,面积增加显著,2015 年达到最大值,为 7.86 万 hm²;棉花的种植面积在 2000 年为 2.75 万 hm²,2002 年有所减少,此后,种植的面积快速扩大,2014 年面积高达 10.70 万 hm²;油料作物的种植面积在 2000—2006 年间持续减少,由 1.20 万 hm² 减少到 0.49 万 hm²,2007 年和 2008 年有所增加,之后又持续减少,2014 年减少到 0.20 万 hm²;2000—2008 年间,枸杞的种植面积在 0.30 万～0.42 万 hm² 间波动,2009 年开始,持续增加,2015 年达到最大值,为 1.030 万 hm²;甜菜的种植面积最小,其年度面积的增减变化较为频繁,维持在 0.10 万～0.44 万 hm²。作物的种植面积受气候、农业结构调整、经济效益等影响,但总体来说,经济效益对种植规模的影响最大,如粮食种植的国家补贴、棉花价格的攀升、枸杞经济效益高等直接推动了种植规模的扩大,2000 年,流域的种植面积仅为 6.70 万 hm²,2014 年增加到 18.49 万 hm²,增长了近 2.76 倍。

通过对流域的实地走访、调查等,了解到流域内的粮食、油料、甜菜、枸杞采用的都是常规灌溉,而棉花则大多采用膜上灌,根据兵团与地方作物灌溉量的比较,得出流域各作物类型多年的用水定额均值,将需水定额与其面积相乘,则得到各类作物的耗水量(表 5.1),并计算得出流域主要农作物需水量(图 5.7)。

表 5.1　艾比湖流域甜菜、枸杞、油料、粮食、棉花等主要农作物需水定额

| 作物类型 | 粮食 | 棉花 | 油料 | 甜菜 | 枸杞 |
|---|---|---|---|---|---|
| 耗水量($m^3$/亩) | 366 | 341 | 360 | 365 | 470 |

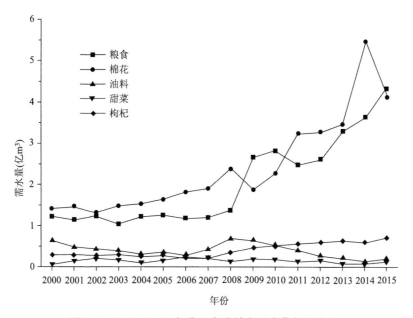

图 5.7　2000—2015 年艾比湖流域主要农作物耗水量

由图 5.7 和表 5.1 分析,认为:枸杞的耗水定额最大,为 470 $m^3$/亩,棉花则最小,为 341 $m^3$/亩,但棉花的种植面积远大于枸杞,其耗水量最大,流域的作物需水量在 2000—2015 年总体呈增加的趋势,由 2000 年的 3.63 亿 $m^3$ 增加到 2015 年的 9.48 亿 $m^3$,增加了 2.61 倍。其中,棉花和粮食作物的需水量最大,始终占总耗水量的 72.68% 以上,2014 年更是高达 92.11%。

## 5.2.4　生活用水特征分析

生活用水分城镇、农村生活用水。由流域相关的统计数据计算可知,2010 年,流域城镇和农村生活用水定额分别为 70～140 L/(人·d)和 50～90 L/(人·d),随着流域社会经济发展规模的扩大和人民生活水平的提高,相应地,用水量也有所增大。2015 年,流域的城镇和农村生活用水定额分别达到 110～190 L/(人·d)和 120～200 L/(人·d),结合流域第五师、阿拉山口、温泉县、博乐市和精河县各区域的人口统计量,计算 2015 年生活用水量为 0.2937×$10^8$ $m^3$。

## 5.2.5　生态环境用水特征分析

生态环境用水指用于园林绿化、清洁、夏季高温时喷洒等用水,由统计数据可知,2010 年生态环境用水仅为 0.06 亿 $m^3$,近年来,随着流域城市规模的扩张,绿化率的提高等,其用水也呈逐渐增加的趋势,2015 年生态环境用水量增加到 0.2718 亿 $m^3$。

### 5.2.6 工业用水特征分析

流域的工业主要以造纸、矿产开采、纺织和金属冶炼为主,总体规模较小。依据流域的统计公报数据,2000—2015 年间的工业用水量情况如图 5.8 所示。

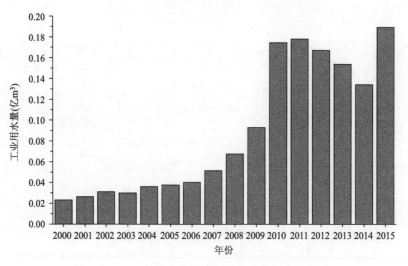

图 5.8　2000 年以来艾比湖流域的工业用水量情况

分析认为:2000—2015 年艾比湖流域工业需水由 0.023 亿 m³ 增加到 0.189 亿 m³,增长了 7.22 倍,年均增长 1.11%。但总体来说,流域的需水量还是比较小的,这与本地区的工业水平较低,工业所占比重较低有关。

综合分析认为,多年来,流域的水资源在绿洲区绝大部分被用于农业生产,而生活、生态环境、工业等用水合计未超过 1.00 亿 m³。显然,绿洲灌区的用水结构极不平衡。因此,在未来,流域水资源结构优化的方向为:提高绿洲灌区的水资源利用效率、大力推广高效的节水农业并适当压缩耗水作物的灌溉面积。

## 5.3 入湖水量变化分析

艾比湖流域的径流在出山口后,除蒸发、渗漏和漫溢外,其水量大部分被人工渠系和水库所截留,主要用于工农业生产,少部分多余的水及农田排水由 90 团 4 连大桥、82 团养殖场大桥、总排和 90 团五支渠四个入湖口进入艾比湖区。分析入湖水量的变化规律对维持艾比湖适宜的面积及湖区生态环境有着重要意义。

### 5.3.1 入湖水量的年变化分析

为分析入湖水量的变化情况,选取 1989—2015 年的流域年入湖量进行分析。结果见图 5.9。

由图 5.9 可知,近 26 年来,艾比湖的入湖量呈现"减少—增加—再减少—再增加"波动式的减少趋势。入湖水量的变化表现为四个阶段:1989—1997 年,呈减少趋势,其中,1997 年值最小,为 2.75 亿 m³;1998—2002 年,呈增加趋势,2002 年达到峰值,为 12.23 亿 m³;2003—

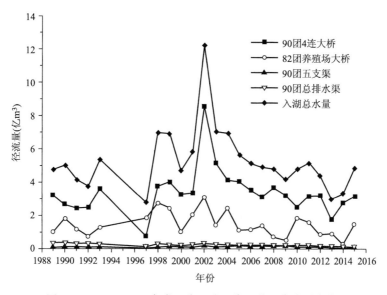

图 5.9　1989—2015 年艾比湖四个入湖口的入湖水量变化

2013 年,呈持续的减少趋势,如 2013 年值仅为 2.99 亿 m³;2014—2015 年,随着流域生态环境的治理和水资源保护力度的加大,入湖水量又逐渐呈增加的趋势。

年入湖量的大小排序依次为:90 团 4 连大桥、82 团养殖场大桥、90 团总排水渠(简称"总排")、90 团五支渠(简称"五支渠")。其中,90 团 4 连大桥的入湖量的变化趋势与总的入湖水量基本一致,在 1997 年出现最小值,为 0.75 亿 m³,其余的年值始终大于 1.76 亿 m³,2002 年的值高达 8.57 亿 m³,82 团养殖场大桥的变化波动较为强烈,但总体呈减少趋势,1992 年、2008—2009 年、2012—2014 年的年入湖水量尚不足 1.00 亿 m³,2014 年入湖水量仅为 0.28亿 m³,这也导致了 2014 年入湖水量出现较低值,为 3.30 亿 m³！总排和 90 团五支渠的年入湖水量较小,均未超过 0.50 亿 m³,如 90 团五支渠和总排 1997 年的入湖水量分别仅为 0.04亿 m³ 和 0.13 亿 m³。2002 年入湖水量异常大是由于当年降水偏多(精河山口、温泉、博乐和阿拉山口 2002 年的降水量分别为 142.6 mm、384.4 mm、322.3 mm、182.4 mm,为多年的较大值)及下泄的径流量也大,但仅 2002 年的特殊情况并不代表多年的入湖水量多。总体来看,近 26 年的入湖水量表现为波动式的减少,尤其是 2002 年后减少较为明显,这也导致了湖泊面积的持续萎缩和湖区的环境恶化。

## 5.3.2　入湖水量的年内变化分析

(1)不均匀性分析

进入艾比湖湖区的四个入湖口中,82 团养殖场大桥入湖口的流量来自精河,其他三个入湖口——90 团 4 连大桥、90 团五支渠和总排来自博河,由于 90 团五支渠和总排的流量较小,且与 90 团 4 连大桥有相似的水文特性,为便于分析,将此三个来自博河流量的站点归为 90团 4 连大桥进行分析,见图 5.10。分析认为:82 团养殖场大桥 $C_v$ 值的变化范围为 0.76~9.69,相比较 1998—2015 年精河山口站的变化范围(0.23~0.5),精河入湖口呈现出强烈的不均匀性,变化幅度较大,说明人类活动对精河径流年内分配的影响从上游到下游逐渐加大,虽然这样的趋势会在未来有所缓和,但是这样的变化经历的时间会很漫长,一方面是由于精河流域的生态脆弱性和难恢复性,另一方面是由于人类不合理的开发利用,同时这也会对艾比湖造成一定的影响;90团4连大桥 $C_v$ 值的变化范围为 3.79~9.42,和82团养殖场大桥相比上限值接近,下限值相差较大,表明90团4连大桥入湖口的流量年内分配的不均匀性特征更突出,再和博尔塔拉河出山口的温泉站、博尔塔拉河站1998—2015年的 $C_v$ 变化幅度(0.047~0.209、0.091~0.245)相比,博尔塔拉河的 $C_v$ 从上游到入湖口逐渐变大,这样的趋势在整个艾比湖流域都可以得到体现。

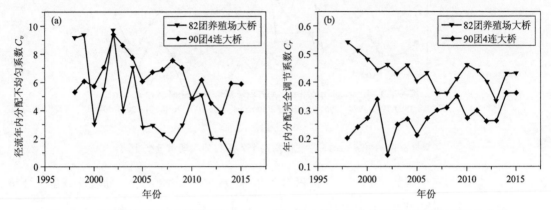

图5.10 艾比湖入湖口82团养殖场大桥、90团4连大桥入湖水量的年内不均匀性变化分析

(2)集中度与集中期分析

选取1989—2015年的四个入湖口26年的月均流量进行分析,结果见图5.11。

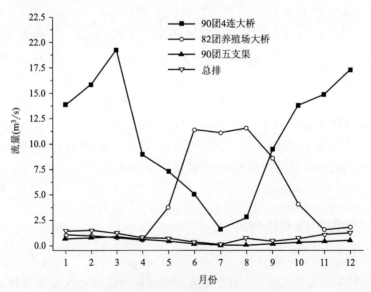

图5.11 1989—2015年艾比湖90团4连大桥、82团养殖场大桥、90团五支渠
和总排的入湖水量逐月变化分析

由图5.11可知,90团4连大桥、总排与90团五支渠的逐年3月和12月的流量较大,7月和8月的流量较小,如90团4连大桥3月的月均流量为 19.29 m³/s,8月的月均流量为 2.79 m³/s;而82团养殖场大桥的6—8月流量较大,4月的流量较小,如82团养殖场大桥8月的月均流量

为 11.64 m³/s,4 月仅为 0.56 m³/s。分析原因:由于 82 团养殖场大桥的入湖水主要来自精河,由前文分析可知,精河的径流夏季较大,因而 8 月入湖流量也大,4 月最小是由于此月份精河的径流正处于增加时段,但农业春灌引水开始不断增大,导致入湖的流量迅速较少;而 90 团 4 连大桥、总排与 90 团五支渠的水主要来自博尔塔拉河,由于该河流本身的冬季径流较大,夏季小,在夏季的用水高峰期时,由于农业灌溉用水的不断加大,导致夏季入湖的流量比冬季减少很多,如总排站在 2006 年 7—8 月、2011 年、2012 年的 8 月、2015 年 7—9 月甚至发生断流,没有水量进入艾比湖。82 团养殖场大桥的径流集中在 4—11 月,占比 92%,其中以 6—8 月最多,占比 58%,入湖水量分配的集中程度和精河山口站的相似;90 团 4 连大桥的径流分配表现为"V"字型,并且形状比博尔塔拉河站更为明显,其波谷点在 7 月,相比于温泉站更为滞后,整体的径流分配集中在 11—3 月,占比为 60%,4—7 月径流明显下降,8—10 月径流上升的趋势明显,全年的变化波动较大。

从表 5.2 可以看出精河入湖口 82 团养殖场大桥的集中度的变化和精河出山口的变化一致,平均值为 0.57,径流集中在 8 月初,90 团 4 连大桥的集中度变化较为频繁,基本集中在 0.21~0.50 这个区间,集中的程度也比博尔塔拉河站的高,主要集中在 301°,也就是 11 月初。

表 5.2　82 团养殖场大桥和 90 团 4 连大桥入湖口的入湖水量年内分配集中度、集中期

| 年份 | 82 团养殖场大桥 | | | 90 团 4 连大桥 | | |
|---|---|---|---|---|---|---|
| | $C_d$ | 角度 | $D$ | $C_d$ | 角度 | $D$ |
| 1998 | 0.74 | 213° | 0.57 | 0.21 | 298° | 1.08 |
| 1999 | 0.77 | 209° | 0.51 | 0.31 | 305° | 0.95 |
| 2000 | 0.57 | 228° | 0.83 | 0.37 | 310° | 0.88 |
| 2001 | 0.68 | 204° | 0.42 | 0.48 | 309° | 0.88 |
| 2002 | 0.72 | 188° | 0.15 | 0.24 | 367° | −0.12 |
| 2003 | 0.54 | 210° | 0.53 | 0.36 | 290° | 1.21 |
| 2004 | 0.71 | 214° | 0.60 | 0.32 | 280° | 1.39 |
| 2005 | 0.45 | 225° | 0.79 | 0.28 | 284° | 1.32 |
| 2006 | 0.53 | 202° | 0.38 | 0.43 | 289° | 1.24 |
| 2007 | 0.45 | 207° | 0.47 | 0.49 | 298° | 1.09 |
| 2008 | 0.33 | 220° | 0.70 | 0.48 | 298° | 1.07 |
| 2009 | 0.54 | 212° | 0.56 | 0.50 | 305° | 0.97 |
| 2010 | 0.63 | 211° | 0.54 | 0.48 | 286° | 1.29 |
| 2011 | 0.59 | 233° | 0.92 | 0.34 | 279° | 1.42 |
| 2012 | 0.38 | 217° | 0.65 | 0.36 | 289° | 1.24 |
| 2013 | 0.41 | 208° | 0.49 | 0.42 | 307° | 0.92 |
| 2014 | 0.52 | 197° | 0.29 | 0.48 | 310° | 0.87 |
| 2015 | 0.61 | 212° | 0.56 | 0.48 | 310° | 0.87 |
| 平均 | 0.57 | 212° | 0.56 | 0.39 | 301° | 1.03 |

注:$C_d$ 为集中度,$D$ 为集中期。

(3)入湖水量的年内变化幅度分析

从表 5.3 可以看出 82 团养殖场大桥的变化幅度波动很大,$C_m$ 的范围为 17.47~

1637.99,分析原因认为可能是调度方面引起的变化,绝对变化幅度 $\Delta r$ 的范围为 2.35 亿～33.96 亿 m³/s,波动的幅度也很大。90 团 4 连大桥的 $C_m$ 值从 1998—2013 年呈现不规则的波动变化趋势,1998—2013 年的平均值为 46.42,与 1998—2015 年的平均值 116.35 相比较,90团 4 连大桥的 $\Delta r$ 呈现上升—下降的趋势,整体相对变化幅度的波动要小很多。

表 5.3    艾比湖入湖口 90 团 4 连大桥和 82 团养殖场大桥的径流年内分配幅度

| 年份 | 82 团养殖场大桥 | | 90 团 4 连大桥 | |
| --- | --- | --- | --- | --- |
| | $C_m$ | $\Delta r$(m³/s) | $C_m$ | $\Delta r$(m³/s) |
| 1998 | 153.78 | 24.28 | 11.99 | 17.03 |
| 1999 | 448.85 | 33.96 | 18.09 | 18.48 |
| 2000 | 1637.99 | 9.60 | 77.80 | 16.88 |
| 2001 | 80.39 | 15.07 | 44.10 | 19.86 |
| 2002 | 45.93 | 30.90 | 5.60 | 39.51 |
| 2003 | 343.49 | 12.40 | 23.11 | 29.21 |
| 2004 | 139.56 | 19.97 | 46.67 | 26.19 |
| 2005 | 20.33 | 8.87 | 17.38 | 22.32 |
| 2006 | 17.47 | 8.45 | 99.89 | 23.10 |
| 2007 | 20.06 | 6.72 | 41.71 | 22.93 |
| 2008 | 62.34 | 5.83 | 61.07 | 24.02 |
| 2009 | 42.55 | 7.43 | 62.58 | 19.79 |
| 2010 | 51.51 | 12.85 | 157.93 | 13.37 |
| 2011 | 19.21 | 14.38 | 18.40 | 18.53 |
| 2012 | 87.77 | 5.72 | 22.71 | 15.62 |
| 2013 | 52.22 | 6.13 | 33.69 | 14.04 |
| 2014 | 141.84 | 2.35 | 685.79 | 16.32 |
| 2015 | 161.62 | 10.94 | 665.72 | 15.97 |
| 平均 | 195.94 | 13.10 | 116.35 | 20.73 |

### 5.3.3    入湖水量的日变化分析

利用 2004—2015 年日最大和最小流量的数据,分别对艾比湖 90 团 4 连大桥和 82 团养殖场大桥站进行比较分析,见表 5.4、表 5.5。

表 5.4    2004—2015 年 90 团 4 连大桥站历年最大日流量和最小日流量及日期表

| 年份 | 最大日流量值(m³/s) | 日期 | 最小日流量值(m³/s) | 日期 |
| --- | --- | --- | --- | --- |
| 2004 | 37.90 | 3 月 10 日 | 0.05 | 6 月 28 日 |
| 2005 | 30.40 | 3 月 21 日 | 0.10 | 7 月 9 日 |
| 2008 | 34.30 | 3 月 11 日 | 0.04 | 8 月 12 日 |
| 2010 | 18.70 | 12 月 12 日 | 0.00 | 9 月 10 日 |
| 2011 | 24.90 | 3 月 11 日 | 0.73 | 7 月 11 日 |
| 2015 | 26.50 | 3 月 11 日 | 0.18 | 8 月 11 日 |

表 5.5　2004—2015 年 82 团养殖场大桥站历年最大日流量和最小日流量及日期表

| 年份 | 最大日流量值($m^3/s$) | 日期 | 最小日流量值($m^3/s$) | 日期 |
| --- | --- | --- | --- | --- |
| 2004 | 56.70 | 7 月 26 日 | 0.01 | 4 月 7 日 |
| 2005 | 12.70 | 9 月 23 日 | 0.01 | 11 月 10 日 |
| 2008 | 9.25 | 9 月 12 日 | 0.00 | 3 月 12 日 |
| 2010 | 18.20 | 8 月 11 日 | 0.16 | 5 月 11 日 |
| 2011 | 22.90 | 9 月 10 日 | 0.13 | 7 月 11 日 |
| 2015 | 15.70 | 8 月 11 日 | 0.04 | 4 月 11 日 |

由表 5.4 和表 5.5 分析可知,90 团 4 连大桥的日最大流量出现在 3 月和 12 月,最大值发生时间为 2004 年 3 月 10 日,为 37.90 $m^3/s$;最小日流量发生在 6—9 月,最小值发生时间为 2010 年 9 月 10 日,为 0,表明出现断流情况;82 团养殖场大桥的日最大流量发生在 7—9 月,最大值发生时间为 2004 年 7 月 26 日,为 56.70 $m^3/s$;日最小流量则在 3 月、4 月、5 月、7 月和 11 月均发生过,最小值发生时间为 2008 年 3 月 12 日,为 0,表明出现断流情况。由于入湖流量受人为干扰的强烈影响,90 团 4 连大桥和 82 团养殖场大桥的日最大和最小流量均有变小的趋势,在上游拦水较多的时期,甚至发生断流。

# 5.4　本章小结

(1)近 60 年来,随着流域人口的增加,耕地面积扩张迅速,灌区的引水量不断加大,在地表水无法完全解决供应的情况下,开采的地下水量也逐年加大;总用水量的 95% 以上被农业所消耗,其中,农作物灌溉用水的比例较大,棉花和粮食作物的需水量最大,始终占总耗水量的 72.68% 以上,其他用水如工业、生活和生态环境用水比例较小,小于 1.00 亿 $m^3$。

(2)近 30 年来,艾比湖的入湖水量呈总体减少的趋势;入湖口的年径流变化与精河、博河两条河的径流变化具有一定的相似性,如 82 团养殖场大桥的入湖水量来自精河,其夏季的流量大,冬春季则小;而 90 团 4 连大桥、90 团五支渠和总排的流量来自博河,冬春季流量大、夏季小。在夏季的用水高峰期时,由于农业灌溉用水的不断加大,导致夏季入湖的流量比冬季减少很多,如总排和 90 团五支渠站在部分年的 6—10 月发生断流,没有水量进入艾比湖;由于湖泊来水量的减少,导致了湖泊面积的严重萎缩。

(3)从精河山口水文站到 82 团养殖场大桥入湖口,精河的径流年内分配的不均匀性逐渐变大,集中程度和幅度的变化小;从温泉站到 90 团 4 连大桥入湖口的不均匀性和变化幅度变化相近,集中程度由于博尔塔拉河径流的后滞性,表现出温泉站主要集中在 6—8 月,而博尔塔拉河站集中在 11 月的现象,这样的趋势在下游博河入湖口的流量中更能得到体现,这表明受人类活动的强烈影响,艾比湖流域从上游出山口到下游入湖口,径流的年内不均匀性具有逐渐增大的趋势。

# 第6章　流域水资源变化对生态安全的影响

## 6.1　研究思路

干旱内陆河流域的生态安全及其稳定性受制于其水资源的开发利用程度、规模及水平。当水资源处于不合理的开发利用状况时,势必诱发区域的土地荒漠化、植被退化、水质恶化等(钱亦兵 等,2004)。许多干旱区流域在上游的径流出山口拦水建坝,修建引水工程用于工农业生产,地表水在绿洲几乎被耗散完毕,靠近下游地表水无法到达,大量开采地下水进行农灌导致土地荒漠化加剧,流域的生态系统健康状况趋于恶化。

艾比湖流域经过近60多年的发展,流域内的人口、经济、社会生产力有了极大的提高,但其背后的代价是水资源的大规模利用和土地的超强度开发。这种无序、粗放的水资源开发利用模式对流域的生态安全带来了严重的隐患。为此,本章基于遥感影像、气象、水文及社会经济数据资料,首先,分析流域的土地利用变化特征,从而获取土地荒漠化的相关数据;然后,分别从地下水埋深下降、尾闾湖萎缩、河道断流等方面分析水资源变化的生态效应;最后基于生态服务价值的视角,对流域的生态安全进行评价。

## 6.2　土地利用/覆被变化分析

### 6.2.1　土地利用数据解译、分类及数据库的建立

本书采用的遥感数据为1990年10月的Landsat TM,2000年9月、2005年10月、2010年10月的Landsat ETM＋,2015年9月的CBERS等卫星数据为数据源(宫恒瑞,2005)。由于影像存在分辨率、数据来源及不同时期等差别,对影像进行配准、融合等处理。通过实地调查并结合影像特征,并且考虑到流域水资源变化的问题较为突出,将水域中的河流、湖泊、水库分别进行了提取(李均力 等,2011);另外,为准确分析绿洲—荒漠的变化情况,将沙漠化、盐渍化土地和裸地也分别进行了提取,最终确定将影像分为11种景观类型:河流/渠道、水库/坑塘、湖泊、盐碱地、裸地、沙地、耕地、林地、草地、城乡建设用地和冰雪地。结果表明流域5期土地利用数据的Kappa系数达到0.89以上,精度也高于85％,通过对1990年、2000年、2005年、2010年和2015年的5期遥感影像数据进行解译并矢量化,建立了艾比湖流域的土地利用变化数据库(图6.1)。

### 6.2.2　土地利用/覆被变化分析

利用公式(2.34)—(2.36),可以比较分析1990—2015年间流域土地利用的动态度、幅度

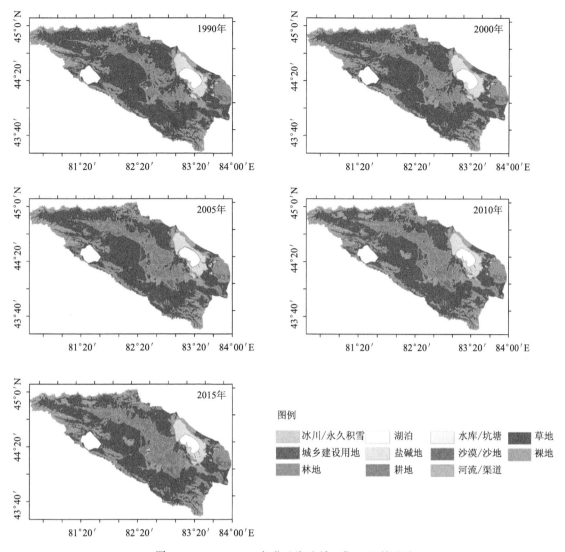

图 6.1　1990—2015 年艾比湖流域 5 期土地利用图

和转移矩阵变化情况,见图 6.2。

　　分析认为:1990—2015 年间,城乡建设用地、盐碱地、裸地、耕地、林地表现出明显扩张,耕地面积增加了 1639.77 km²,裸地增加 304.87 km²,盐碱地增加面积达 112.94 km²,林地增加 56.13 km²,城乡建设用地增加值为 110.30 km²。沙地也有 22.54 km² 的增加,与此同时,草地、湖泊面积、冰雪地和河流则显著较少,分别减少 2117.13 km²、112.89 km²、9.27 km² 和 10.69 km²。其中,耕地的增加主要来源于开垦荒漠草地,盐碱地的增加来源于沼泽荒草地的转化;林地的增加主要为耕地的退耕还林,林地的减少则主要为山区天然林的人工砍伐和下游荒漠林的退化,水库周边由于鱼塘开发、水产养殖、稻米的种植及受环境退化的影响,少部分转为耕地和草地,表现为面积有略微的减少。

　　研究表明:1990—2015 年间,前山地带、荒漠河岸、湖盆沼泽附近的天然绿洲发生明显萎缩,同期,农田、乡村、人工林草、工矿及城市人工绿洲扩张明显,但干旱缺水、土地沙化和盐渍化等环境退化问题又导致部分农田绿洲被迫弃耕而发生退缩现象。水资源的高强度开发极大

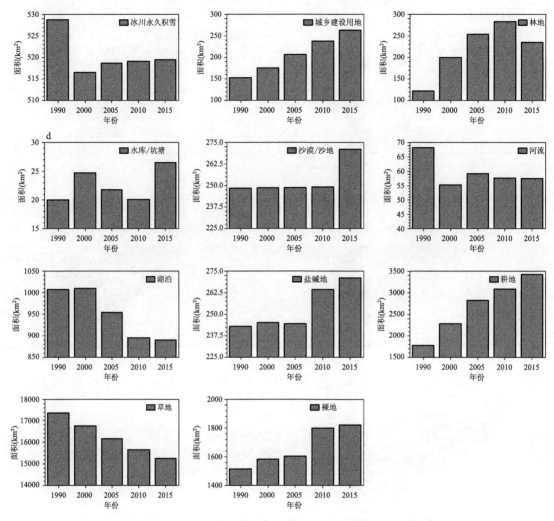

图 6.2　1990—2015 年五个时段艾比湖流域 11 种土地利用类型及数量变化情况

提升了流域的社会经济水平和人口承载规模,但也加剧了土地荒漠化,导致天然生态系统发生不良演化。

## 6.3　流域水资源变化的生态安全问题分析

（1）尾闾湖干缩

根据博州水文局 1950—2015 年间的湖泊面积监测资料结合李艳红（2006）、宫恒瑞（2005）、包安明等（2006）、张飞等（2015）的研究成果和文献资料,对艾比湖面积变化进行分析,结果见图 6.3。

由图 6.3 分析可知,1950—2015 年间,艾比湖湖泊的面积萎缩明显。1950 年的面积为 1200 km²,到 20 世纪 60 年代,减少到不足 900 km²,70 年代,减少到 600 km² 左右,80—90 年代初期,维持在 500 km² 左右,90 年代后期至 2005 年,湖泊有恢复扩大的趋势,如 2002—2004 年间,湖泊曾一度恢复到 800 km² 以上,之后又处于持续的萎缩中,2013 年减少到最小值

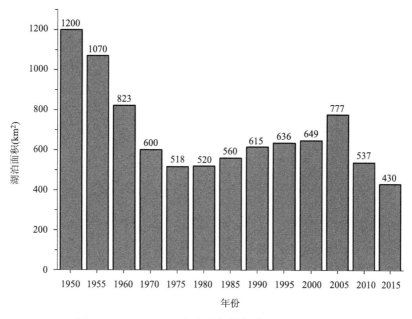

图 6.3　1950—2015 年艾比湖的湖泊面积变化分析

408 km²！1950—2015 年间,湖泊面积减少了 770 km²,平均每年减少 11.67 km²。

由于干旱区不同季节的气温、降水和蒸发等气候因素差异显著,以及水资源不同时期的分布不均衡,导致同一年内不同月份艾比湖的面积也有明显的变化。根据不同时期不同月份艾比湖面积变化的相关数据结合吴佩钦(2005)、苏向明(2016)等的研究结果分析可知:随着北疆春季的明显升温和降水的增加,湖区的冰雪开始逐渐消融,湖面逐渐开始变大,4—5 月达到最大值,面积维持在 600~1000 km²;夏季的 7 月、8 月,由于上、中游农业耗水较多,导致入湖的水量逐渐减少,加之湖面的强烈蒸发,湖面开始萎缩,至 9—10 月达到年内最小值,如 2008 年 10 月达到最小值 402.6 km²！除了 2007 年的 7 月、8 月的湖泊面积值高于上一年度的同期值外,其余时间段湖泊面积的月值均小于上一年度的同期值,表明湖面的面积萎缩明显。

湖泊面积的减少固然有湖区蒸发强烈、降水较少等自然因素,但高强度的人类活动,如人类在艾比湖流域的上游修建水库、拦河坝等工程,进行大规模的绿洲开发行为,使得进入艾比湖的水量逐年减少,是艾比湖干缩和生态环境退化的主要原因(郭铌 等,2003;邢坤 等,2017;毋兆鹏,2008;秦伯强,1999;井云清 等,2016)。

(2)土地荒漠化加剧

由前文的土地利用/覆被变化分析和已有的相关研究成果可知,流域的土地沙漠化和盐渍化的面积在增加,程度在加剧。当前,流域的许多农田还采用大水漫灌的方式,艾比湖高盐度的湖水与周边地下水在进行频繁的交换,而打井抽取地下水的行为越来越普遍,这导致土壤盐渍化持续加重;另一方面,艾比湖干涸湖底的 107 km² 松散沉积物已成为沙尘暴的物质来源,湖水的退缩使得湖盆裸露面积增加而引起沙尘暴天数的增加。近 60 年来,随着社会经济的发展和人口的急剧增多,流域的上、中游进行了大规模的水资源开发,导致下游的地表来水越来越少,靠近下游荒漠地带的 90 团 4 连大桥、91 团的部分连队几乎无法引入地表水,导致土地的沙漠化程度加重。

（3）天然植被退化

近 60 年来,由于人类的过度放牧及毁林开荒活动,导致流域的植被大面积的衰败,覆盖程度降低,由高大的乔木、灌木逐渐向低矮的灌丛演化。如芦苇衰亡了近 93%,仅有 0.27 万 hm²,荒漠林仅 4.22 万 hm² 保持完整,剩余植被正以近 4030 hm²/a 的速度向沙漠化方向转变。为此,利用多个时间段植被生长期的 NDVI 值(3 月下旬至 10 月底)来分析植被的变化情况,分别见表 6.1 和图 6.4。

**表 6.1 艾比湖流域 2010/2015 年不同时间段的 NDVI 值变化**

| 时间(年/月/日) | 湖滨区 | 湖泊外围荒漠区 | 农区 | 山区 |
|---|---|---|---|---|
| 2010/3/22 | 0.0588 | 0.0803 | 0.0963 | 0.1238 |
| 2010/4/23 | 0.0650 | 0.1247 | 0.1678 | 0.2156 |
| 2010/5/25 | 0.1055 | 0.1693 | 0.3138 | 0.3335 |
| 2010/6/26 | 0.1331 | 0.1871 | 0.5652 | 0.3916 |
| 2010/7/28 | 0.1382 | 0.1816 | 0.6211 | 0.3838 |
| 2010/8/29 | 0.1369 | 0.1676 | 0.5670 | 0.3207 |
| 2010/9/30 | 0.1158 | 0.1439 | 0.4012 | 0.2531 |
| 2010/10/31 | 0.0955 | 0.1322 | 0.2190 | 0.1512 |
| 2015/3/22 | 0.0735 | 0.0945 | 0.1465 | 0.0951 |
| 2010/4/23 | 0.0717 | 0.1347 | 0.1485 | 0.2160 |
| 2015/5/25 | 0.0991 | 0.1690 | 0.3430 | 0.3785 |
| 2010/6/26 | 0.1217 | 0.1762 | 0.6451 | 0.3974 |
| 2015/7/28 | 0.1152 | 0.1747 | 0.6365 | 0.3447 |
| 2015/8/29 | 0.1112 | 0.1736 | 0.5637 | 0.2993 |
| 2015/9/30 | 0.0940 | 0.1376 | 0.3334 | 0.2207 |
| 2015/10/31 | 0.0711 | 0.1158 | 0.2826 | 0.1335 |

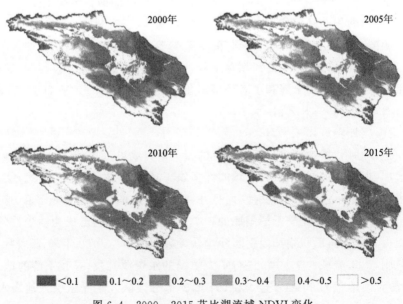

图 6.4 2000—2015 艾比湖流域 NDVI 变化

　　由表 6.1 分析可知,流域的 NDVI 值基本上均从 3 月下旬开始增加,到 4 月下旬迅猛增加,7 月末达到最大值,然后逐渐开始减少,10 月底的减少到最小,但其值仍高于 3 月下旬的值。2010 年 3 月下旬时,湖滨区、湖泊外围荒漠区、农区、山区的 NDVI 值分别为 0.0588、0.0803、0.0963、0.1238,而 2015 年同一时间段时值分别为 0.0735、0.0945、0.1465、0.0951,对比分析,认为湖滨区、湖泊外围荒漠区的值有所增加,而农区的值则有略微的减小,山区的值减小明显。2010 年 6 月底时,湖滨区、湖泊外围荒漠区、农区、山区的 NDVI 值分别达到最大值,为 0.1331、0.1871、0.5652、0.3974,而同期各区对应的值分别为 0.1217、0.1762、0.6451、0.3916,可以得出,湖滨区、湖泊外围荒漠区和山区的 NDVI 值有所减少,农区的则有所增加。2010 年 10 月底时,湖滨区、湖泊外围荒漠区、农区、山区的 NDVI 值分别为 0.0955、0.1322、0.2190、0.1512,而 2015 年同一时间段时值分别为 0.0711、0.1158、0.2826、0.1335,此变化的情形与两个时间段 6 月底的变化情况相似。对 2015 年与 2010 年同一时间段内 NDVI 值的相互比较分析,可知湖滨区、湖泊外围荒漠区和山区的 NDVI 值有所降低,农区的则有所增加。

　　对四个不同时期 NDVI 的年值分析可知(图 6.4),2000—2015 年期间,尾闾湖区的 NDVI 值由 0.1733 减少到 0.1507,外围荒漠区的 NDVI 值由 0.2211 减少到 0.1927,山区的 NDVI 值由 0.4620 减少到 0.4571,农区的 NDVI 值则由 0.5448 增加到 0.6642。综合 NDVI 的月、年值变化,分析认为:随着经济的不断发展,不合理滥垦滥耕在加剧,导致天然植被大部分转换为农田或者消失,这在艾比湖的湖区外围和湖滨荒漠区表现最为明显,另外,由于山区林地的砍伐更新和草地放牧超载现象时有发生,导致山区的 NDVI 下降。

　　(4)入湖口断流

　　由于艾比湖流域是典型的干旱灌区,当上游来水较少时,为保障农灌区的用水量。会导致进入艾比湖的水量减少,尤其是在用水高峰期的 7—9 月。根据博州水文局的观测数据,以入湖量最较少的 90 团五支渠站和总排为例进行分析。

　　最明显的断流发生在 2005 年的 6 月 27—30 日、7 月 1—9 日,在此期间,90 团五支渠断流,没有水量进入艾比湖。自此之后,90 团五支渠经常发生断流现象。具体时间为:2006 年的 7 月 18 日—9 月 21 日,2008 年的 8 月 12 日—9 月 11 日,2012 年 7 月 12—31 日、整个 8 月和 9 月 1—10 日,2015 年的 6 月 11 日—9 月 13 日等。断流的前后几天,流量非常小,如 2012 年的 9 月 12—21 日,入湖量很小,从 0.001 m³/s 增加到 0.01 m³/s。同样的,90 团总排站也发生过断流现象,如 2008 年的 8 月 10 日—9 月 10 日、2012 年的 8 月 10—12 日、2015 年的 7 月 11 日—9 月 14 日等时间段。

　　(5)地下水的埋深下降,开采量过度

　　① 地下水过度开采

　　近年来,当流域的地表水无法满足供给时,人们便大规模的抽取地下水,导致平原泉群的流量大幅度减少,部分泉溪已断流,这在博乐市贝林乡最为显著,如在 1986—1996 年间,博乐市贝林哈日莫墩乡 8 个泉系 7 月的泉水流量都有不同程度的减少。其中,巴音代泉减少 47.37%,脚坑泉减少 42.86%,吉文泉减少 70.00%,大河塘泉减少 50.00%,阿拉岗泉减少 45.46%,乔龙喀泉减少 12.50%,新塔拉泉减少 37.50%,红英泉减少 62.50%。有的较小泉系已经接近断流。流域的地下水年开采量在 2012—2015 年间均高于 6.20 亿 m³,根据艾比湖流域地下水资源开发规划报告,地下水的逐年开采量上限为 3.54 亿 m³,超采 170% 以上!

② 地下水位的埋深变化分析

近 60 年来,艾比湖流域的中下游地带在发展农业生产时,由于地表水供给不足,甚至在用水高峰期时来水较少,为此,流域的地方政府打了许多的机电井来维持工农业生产,部分区域超采严重,这也造成了地下水位的逐渐下降。

利用流域在博州水文局北 200 m 处、博州客运公司和青德里乡温泉青德里乡水管所设置的长期观测井资料来分析地下水位的逐年变化情况,如图 6.5 所示。

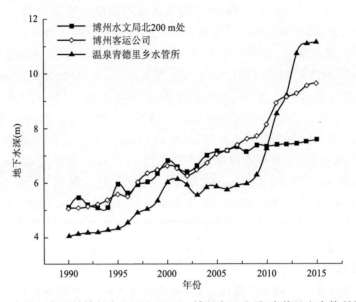

图 6.5  1990—2015 年艾比湖流域博州水文局北 200 m、博州客运公司、青德里乡水管所的地下水埋深变化

分析可知,1990—2015 年间,博州水文局北 200 m、博州客运公司、青德里乡水管所的地下水位均呈明显的下降趋势。其中,博州水文局北 200 m 处的水位也下降了近 2.50 m,平均每年下降近 0.10 m,博州客运公司的下降了近 4.60 m,平均每年下降近 0.18 m;青德里乡水管所的水位下降幅度最大,高达近 7.08 m,平均每年下降约 0.28 m,在用水高峰期的月份时,还存在井干枯不出水的情况。

为深入分析流域的地下水位年度变动情况,从 2007 年开始,在流域 8 个不同位置设置了观测井(具体位置为 1.温泉县宾馆、2.博乐市阿场水管所南 200 m 处、3.博乐市小营盘镇乌克兰日木东村水厂、4.博乐市套特东村路旁、5.博乐市贝乡客运站、6.精河县大河沿子库塔巴依村商店、7.托里乡水厂、8.茫丁乡黑树窝子扎花厂),从而动态掌握流域的地下水位变化情况,结果如图 6.6 所示。

研究认为:由于各点位所处的地理位置、海拔、水文地质条件等差异,不同点位的地下水埋深情况差异很大,如博乐市阿场水管所南 200 m 的埋深最深,在 20 m 左右,这是该区域地处第三纪隆起构造带,其水位埋藏较深;而精河县茫丁乡黑树窝子扎花厂由于靠近艾比湖区,地下水位埋藏较浅,仅为 2 m 左右。流域 8 个不同位置的地下水埋深在 2007—2015 年间均有所下降,其中,博乐市小营盘水厂下降最多,达 7.16 m,次为大河沿子库塔巴依村,下降 3.80 m,下降最小的是温泉县宾馆,其值为 0.17 m。分析原因,温泉县宾馆由于地处山间盆地,该区域人口较少,供水量较为充裕,开发地下水较少,因此,其水位下降不明显;博乐市小营盘东村水厂由于作为水厂,常年抽取地下水供生产生活用,水位下降明显(平均每年下降 0.89 m)。

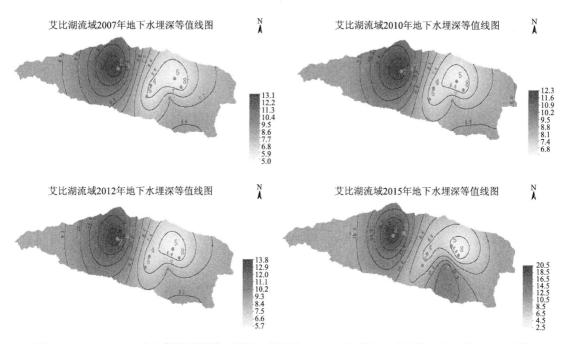

图 6.6　2007—2015 艾比湖流域博乐市阿场水管所南 200 m 处、托里乡水厂等 8 个点位地下水埋深

　　干旱地区的大气降水、地表水、地下水在一年四季中频繁的进行转化,地下水埋深在不同的月份差异也较大,为此,进行地下水位的年内变化分析。由于北疆地区的农业作物灌溉的时间大体上为 4—9 月,对上述 8 个点 2015 年的地下水位进行年内变化分析,如图 6.7 所示。

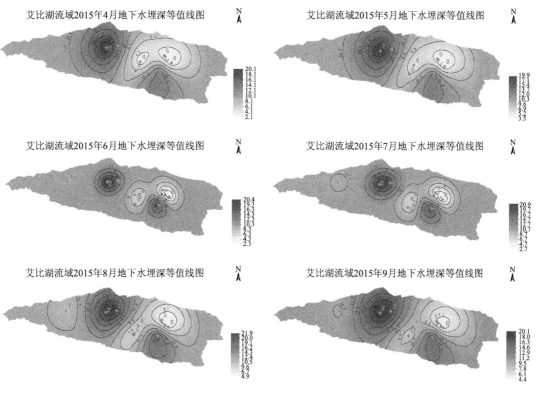

图 6.7　2015 年艾比湖流域 8 个点位地下水位 4—9 月埋深变化分析

分析认为,8个点位的地下水位年内变化趋于一致性,从4月开始埋深逐渐下降,到7月、8月时降到最高,9月又开始逐渐回落。年内变幅最大的为博乐市小营盘镇乌克兰日木东村水厂,其值高达7.08 m,其次为博乐市套特东村路旁,其变化差值为5.84 m,最小的则为温泉县宾馆,其变化差值为0.2 m。这也反映了流域在夏季用水高峰期,由于地表水的供给不足,大量抽取地下水用于农业灌溉和生活使用,导致不同月份的水位变化差异较大。

(6)水质恶化

为分析流域的水质变化情况,分别在流域的精河山口、温泉、博乐和沙尔托海四个水文站以及艾比湖的湖区取水样,分析矿化度、总硬度、总磷等水质相关指标(苏琴,2015)。

① 山区水文站的水质分析

首先分析矿化度的变化,结果见图6.8。

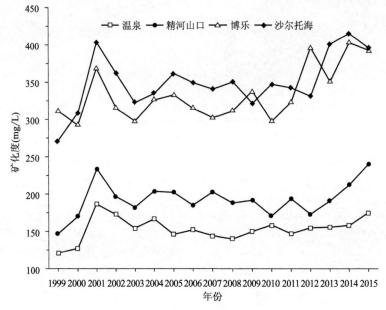

图6.8 1999—2015年流域山区水文站矿化度变化

由图6.8分析认为,1999—2015年间,四个水文站的矿化度值总体呈增加趋势。其中,温泉站、精河山口站、博乐站和沙尔托海站的矿化度值分别为54 mg/L、93 mg/L、80 mg/L、126 mg/L。温泉站和精河山口的矿化度值在2015年达到最大值,分别为175 mg/L和240 mg/L。博乐站和沙尔托海站的水体矿化度值则在2014年达到最大值,分别为403 mg/L和415 mg/L。矿化度值最大的为沙尔托海站,最小则为温泉站。这是由于博乐站和沙尔托海站的海拔较低(分别为510 m和570 m),且靠近农牧业区,人类活动的干扰较为强烈,而温泉站和精河山口站的海拔相对较高(分别为1310 m和620 m),人为干扰相比另外两个水文站要弱,其值相对较低。

同样的,可以分析山区水质总硬度的变化,结果见图6.9。

由图6.9分析认为,1999—2015年间,四个水文站的硬度值总体呈增加趋势。温泉站、精河山口站、博乐站和沙尔托海站的硬度增加值分别为8.2 mg/L、23 mg/L、10 mg/L、18 mg/L。温泉站的硬度值在2009年最大,为92.2 mg/L,精河山口站的硬度值则分别在2007年、2015年达到最大,为126 mg/L,博乐站的硬度值2014年达到最大,为214mg/L,沙尔托海站的硬

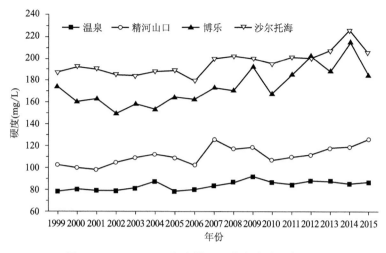

图 6.9　1999—2015 年流域山区水文站总硬度变化

度值则在 2014 年最大,为 226 mg/L。温泉站的硬度值最小,沙尔托海站则最大,这是由于沙尔托海水文站以上还有部分农牧业和采矿业,农牧业的种植、施肥及矿业开发过程,有许多 Ca、Mg 离子产生,其进入地表径流,导致水体的总硬度有所增加。

研究表明,受人为干扰大的原因,流域山区的地表水水质有下降恶化的趋势,此问题需要引起高度重视! 这是因为上游水质的污染必然会顺势殃及流域的中、下游地带。

② 湖区水质变化分析

为监测艾比湖区的水质,于 2014 年的 9 月在湖区的不同位置设置 8 个采样点采集水样 (图 6.10),并且结合 2002 年、2006 年及 2010 年已有的水样监测数据进行分析。

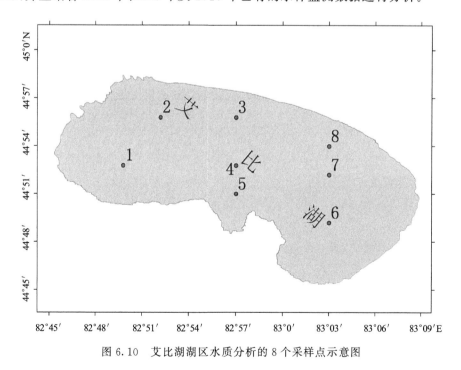

图 6.10　艾比湖湖区水质分析的 8 个采样点示意图

对湖区 8 个不同位置采样点的矿化度进行分析,结果如图 6.11 所示。

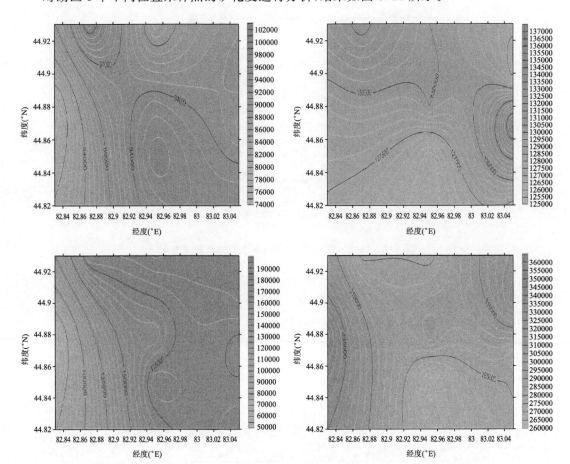

图 6.11　艾比湖区 2002 年、2006 年、2010 年、2014 年 8 个采样点矿化度变化分析

由图 6.11 分析认为:2002—2014 年间,湖区不同位置的矿化度均有所增加。由小于 $1\times10^5$ mg/L 增加到 $2.6\times10^5$ mg/L 以上。湖区不同位置的矿化度值差别较大,采样点 1 由于靠近湖区外围,其值最大,其次为采样点 8,二者在 2014 年的矿化度值已超过 $3.3\times10^5$ mg/L,采样点 5 的矿化度值最小,但 2014 年其值也已超过 $2.6\times10^5$ mg/L。

矿化度可以用来表征区域水体的含盐量,为进一步分析矿化度与湖泊之间的关系,做出湖泊面积变化与矿化度的示意图(图 6.12)。

由图 6.12 分析认为,2002—2014 年间,艾比湖湖区的矿化度呈上升—下降—再上升的趋势,从 2002 年 92100 mg/L 一度增加到 2009 年的 299000 mg/L,然后开始下降到 2011 年的 190000 mg/L,此后又开始上升,直到 2014 年的 346000 mg/L。总体来说,2014 年的矿化度比 2002 年高出 253900 mg/L,表明在此期间,湖水咸化现象明显。由于干旱区尾闾湖的封闭性,当湖泊面积增大时,水量增加,湖水中的盐分会被稀释;反之,当湖泊面积缩小时,其含盐量则会累积。如 2002—2009 年间,湖泊不断萎缩过程中,其矿化度持续增加;2010—2011 年,湖泊面积有所恢复,湖水的矿化度则有所降低,2012 年后,湖泊面积又开始缩小,其矿化度又开始增加,直到 2014 年达到峰值。

同样的,对湖泊总磷的变化进行分析,反映湖泊的水质变化情况(图 6.13)。

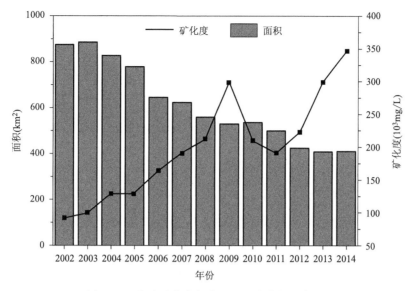

图 6.12　湖泊矿化度与湖区面积变化的示意图

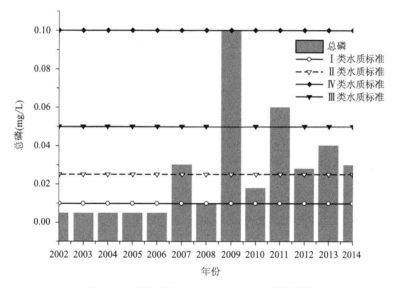

图 6.13　艾比湖区 2002—2014 年间总磷变化

　　由图 6.13 的总磷值变化分析认为:2002—2006 年间,湖区的水质为Ⅰ类,2007 年时已超过Ⅱ类标准,2009 年时达到 0.1 mg/L,为Ⅵ类,已经达到水体富营养化的临界条件,2011—2014 年间则为Ⅱ类和Ⅲ类标准之间。

　　相关数据分析表明:2002—2014 年间,湖区的水质含盐量增加明显,水体硬化程度加重,水质趋于富营养化。近 60 年来,由于绿洲水资源开发强度的不断提升和耕地面积的急剧扩张,人类不断抽取地下水,污废水随意排放现象较多,进入艾比湖的污染物质不断增加,加之湖泊萎缩的影响,导致山区和湖泊的水质出现恶化。

　　综合分析认为:流域生态安全问题的表征与水资源的利用密切相关。如冰川的退缩会影响年径流量的大小及季节的分配;湖泊干缩及土地的荒漠化是由于来水较少,水资源配置不合理,基本的生态需水量得不到保证;流域耕地大面积的扩张挤占了大量的林、草生态用水。近年来,虽然耕地实施了高新节水灌溉,而节约的水又被新增耕地占用,导致农业灌溉用水不但没有减少,反而大量增加。据 2015 年的地区水利普查报告,流域内拥有机井数较 20 世纪 80 年代增加了 20 余倍,大规模的水资源开发导致地表水在上、中游被大量拦截,地下水过度开采,水资源供需水不平衡的问题长期无法解决,只能依靠挤占生态用水来满足农业和生产等其他方面的需求,从而导致了流域生态环境的持续退化。

## 6.4 流域生态服务价值评价

干旱区流域水文水资源变化诱发的综合生态效应可以由生态服务价值的变化来表征,由于艾比湖流域与玛纳斯河流域同处天山北坡,其生态服务价值的估算方法可以参照凌红波等(2012a)在玛纳斯河流域的生态服务研究成果。

利用公式(2.38)—(2.40)并结合前文关于流域土地利用变化部分的分析内容,计算可得流域 1990—2015 年各土地类型的 $CS$(敏感性系数)值均小于 1,表明修正的 Constanza 生态服务价值测算法适用于艾比湖流域。参照前人的研究成果并结合专家的意见,确定流域各土地类型在气候调节、水源涵养、食物供应等方面的价值当量因子,其值分别为:耕地:75.414 万元/($km^2 \cdot a$),林地:199.45 万元/($km^2 \cdot a$),草地:70.517 万元/($km^2 \cdot a$),水域:414.904 万元/($km^2 \cdot a$),建设用地:5.123 万元/($km^2 \cdot a$),未利用:3.714 万元/($km^2 \cdot a$)。为此,测算出 1990—2015 年间流域的生态服务价值量,如表 6.2 所示。

**表 6.2　1990/2000/2005/2010/2015 年艾比湖流域各土地类型的生态系统服务价值量(单位:万元)**

| 年份 | 耕地<br>(ESV) | 林地<br>(ESV) | 草地<br>(ESV) | 水域<br>(ESV) | 建设用地<br>(ESV) | 未利用地<br>(ESV) | ESV 总计 |
|---|---|---|---|---|---|---|---|
| 1990 | 133921.70 | 241705.48 | 1223746.30 | 454017.00 | 785.99 | 12120.49 | 2066296.95 |
| 2000 | 171437.14 | 249352.39 | 1180151.36 | 451759.92 | 898.90 | 12364.95 | 2065964.65 |
| 2005 | 213137.31 | 254731.56 | 1139472.92 | 429172.55 | 1065.00 | 12435.33 | 2050014.66 |
| 2010 | 232330.17 | 257765.19 | 1103563.82 | 401353.24 | 1222.55 | 13459.72 | 2009694.69 |
| 2015 | 257585.57 | 252930.52 | 1074911.09 | 399851.28 | 1357.04 | 13730.99 | 2000366.49 |

分析认为,耕地、林地、建设用地和未利用地的 ESV 在 1990—2015 年间总体上呈增加趋势,增加值分别为:123663.87 万元、11225.04 万元、571.05 万元和 1610.50 万元;而此期间的草地和水域的 ESV 总体则呈减少趋势,其减少值分别为 148835.21 万元和 54165.72 万元,流域总体的生态服务价值呈持续减少的趋势,净减少 65930.46 万元,其中,2005—2010 年间减少量最多,其值为 40319.97 万元。由此表明,1990—2015 年间,艾比湖流域的生态环境总体处于退化的趋势。

## 6.5 本章小结

(1)1990—2015 年间,流域的城乡建设用地、盐碱地、裸地、耕地、林地表现出明显扩张,耕地面积增加了 1639.77 $km^2$,裸地面积增加 304.87 $km^2$,盐碱地面积增加达 112.94 $km^2$,林地增加 56.13 km²,城乡建设用地增加值为 110.30 km²。沙地也有 22.54 km² 的增加,与此同时,草地、湖泊面积、冰雪地和河流则显著较少,分别减少 2117.13 km²、112.89 km²、13.37 km² 和 10.69 km²。前山地带、荒漠河岸、湖盆沼泽附近的天然绿洲发生明显萎缩,同期,农田、乡村、人工林草、工矿及城市人工绿洲扩张明显,但干旱缺水、土地沙化和盐渍化等环境退化问题又导致部分农田绿洲被迫弃耕而发生退缩现象。干旱区农业生产规模和面积扩大的同时,必然消耗大量的水资源,人工绿洲扩大的同时,荒漠化的程度也在加剧。

(2)近 60 年来,艾比湖流域由于水资源过度开发、上中下游的水量分配不合理、用水结构比例失衡等引发了一系列生态安全问题,主要表现为:湖泊干缩、荒漠化加剧、植被退化、入湖口断流,地下水位下降和水质恶化等。本章采用相关的方法对上述生态安全问题进行了分析。

(3)采用修正的 Constanza 生态服务价值测算法对 1990—2015 年间艾比湖流域的生态服务价值进行了评价,认为流域总体的生态服务价值净减少 65930.46 万元,其中,草地的减少值最多,高达 148835.21 万元,表明此期间,流域总体的生态环境发生了明显的退化。

# 第7章 流域生态需水量估算及水资源可持续利用策略分析

## 7.1 研究思路

近60年来,艾比湖流域上、中游水土资源过度开发,工、农业生产及生活用水大量挤占生态用水,导致流域的生态安全形势极为堪忧!考虑到未来流域人口的增长和耕地扩大的情形还将持续下去,对水资源刚性需求的压力将加剧流域的水危机,如何进行高效灌溉和供排、开采地下水和做好水量平衡优化方案是科学和现实的双重要求。

为保障流域的生态安全,本文首先估算流域的生态需水量,然后结合流域的实际情况,拟提出建设山区地下水库、设施污废水高效利用和发展碱土农业、开发水资源等旨在实现流域水资源可持续利用的相关对策及建议。

## 7.2 流域生态需水量估算

### 7.2.1 天然植被生态需水量估算

(1)面积定额法

分别利用2000/2005/2010/2015年8—9月的(TM、ETM+、SOPT、CBERS等)卫星数据作为数据源,对影像采用4-3-2波段假彩色合成,在ArcGIS 10.22的支持下,参照分类系统进行目视解译,建立拓扑关系,并根据野外样地调查校正分类结果,将天然植被划分为低覆盖草地、高覆盖草地、疏林地和有林地,从而获得四个不同时期艾比湖流域的天然植被类型分布图(图7.1),并根据流域植被的分布特征,将精河、博河的水系划分为上、中、下游三个不同的河段(图7.2)。

根据徐海量等(2007)、邓晓雅(2013)对干旱区流域天然植被生态需水量的研究成果,结合艾比湖流域区情,确定四种天然植被类型单位面积生态需水定额:即疏林地—444.70 $m^3/hm^2$,有林地—3042.65 $m^3/hm^2$,低覆盖度草地—629.70 $m^3/hm^2$,高覆盖度草地—2343.80 $m^3/hm^2$。考虑到上、中、下游不同河段的水资源分配情况,将上、中、下游段的生态需水保证率分别定为50%、75%和90%。

由公式(2.41)计算可知,四个时期艾比湖流域天然植被的平均生态需水量依次为:高覆盖度草地—3.56亿 $m^3$,低覆盖度草地—0.57亿 $m^3$,有林地—0.79亿 $m^3$,疏林地0.09亿 $m^3$,总的天然植被生态需水量为5.01亿 $m^3$。

(2)遥感蒸散发反演法

由于长期性的进行地面观测获取植被的蒸腾数据存在现实性的困难,且站点的观测值并

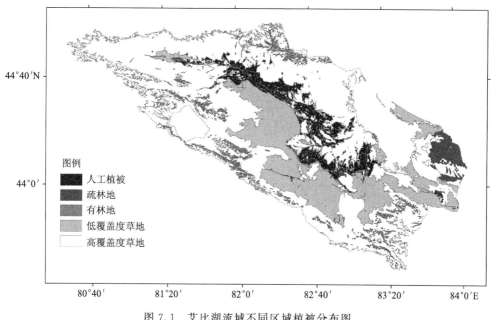

图 7.1　艾比湖流域不同区域植被分布图

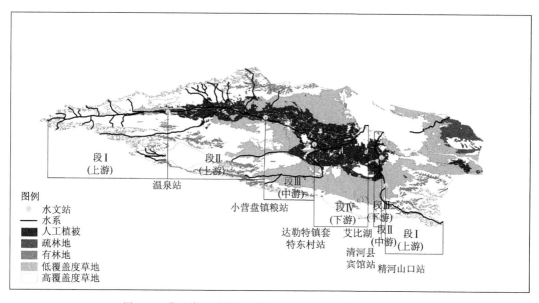

图 7.2　艾比湖流域精河、博河水系上、中、下游河段划分图

不能反映蒸散发的空间分布特征,为此,本文利用遥感方法反演陆表植被的蒸散发。其中,遥感数据来源于 2011 年美国的 NASA 研究团队发布的全球陆表蒸散数据(MOD16),该数据产品的时空分辨率较高(1 km),可以提供 2000—2014 年的 ET、PET 等数据(分为 8 天、月、年尺度),其算法是 Mu 等(2011)在 Penman-Monteith 公式基础上改进的,目前,基于 MOD16 反演区域蒸散发已得到学术界的广泛认可和应用(贺添 等,2014;张静 等,2017;董晴晴 等,2016)。

以 MOD16 蒸发数据为基础,结合艾比湖流域的土地利用数据,从而得到 2000—2014 年的流域陆表蒸散发的空间分布图(图 7.3)和天然林、草的蒸发量数据。将 MOD16 产品的年均蒸发量数据与水量平衡法(前文有述)计算的多年蒸散发量均值进行比较可知,二者的平均绝对误差为 28.25 mm,平均相对误差为 9.87%。由此认为 MOD16 产品的精度可以满足艾比湖流域蒸散发的反演研究。

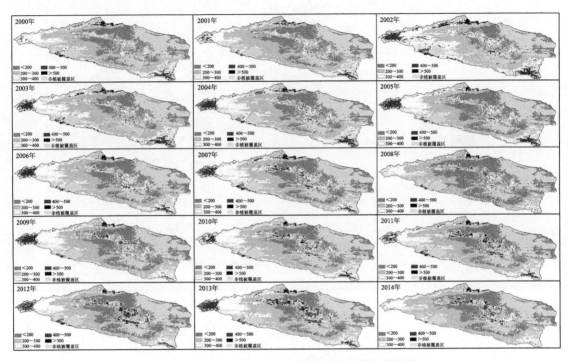

图 7.3　2000—2014 年艾比湖流域陆面蒸发分布图

由图 7.3 分析认为:艾比湖流域陆面蒸发的分布与降水分布基本一致;随海拔高程的增加而增加,随着降水的增大而增大(徐倩,2014;魏天锋,2015)。利用 ENVI5.1 和 ArcGIS 10.0 结合 EXCEL 2010 等工具,得到 2000—2014 年间艾比湖流域天然林、草地 MOD16 蒸发量数据并取多年的平均值,基于公式(2.42)可得流域的天然植被生态需水量为 4.82 亿 $m^3$。

### 7.2.2　湖泊生态需水量估算

(1)生态水位法

根据谢正宇(2006)在艾比湖的研究成果(图 7.4),可知,湖泊的高程在 188～195 m 附近变动,湖泊处于不同水位线时,其扩张方向也存在着差异,导致湖泊不同时期的面积和库容量也有着很大的区别。

根据公式(2.43)—(2.45)和图 7.4,依照艾比湖库容($h$)-水位($m$)-面积($l$)的变化关系,可以构建如下的拟合方程公式:

$$l = 0.6219 \times 10^{-9}\ m^3 - 0.974 \times 10^{-6}\ m^2 + 0.01m + 185.715 \tag{7.1}$$

$$h = 0.302 \times 10^{-9}\ m^3 - 0.1817 \times 10^{-6}\ m^2 + 0.017m - 0.873 \tag{7.2}$$

对上述公式进行求解,得出湖泊最低水位为 190.76 m,对应的库容量为 7.82 亿 $m^3$。由于艾比湖为尾闾闭塞湖,湖泊的降水和地下水补给微乎其微,其需水主要来自入湖水量,湖泊最低水位时对应的库容量减去入湖量即为湖泊的生态需水量。参照 2000—2015 年间的逐年入湖

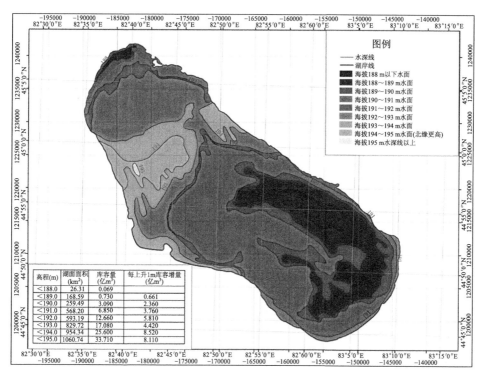

表格中的数据如下：

| 高程(m) | 湖面面积(km²) | 库容量(亿m³) | 每上升1m库容增量(亿m³) |
|---|---|---|---|
| <188.0 | 26.31 | 0.069 | |
| <189.0 | 168.59 | 0.730 | 0.661 |
| <190.0 | 259.49 | 3.090 | 2.360 |
| <191.0 | 568.20 | 6.850 | 3.760 |
| <192.0 | 593.19 | 12.660 | 5.810 |
| <193.0 | 829.72 | 17.080 | 4.420 |
| <194.0 | 954.34 | 25.600 | 8.520 |
| <195.0 | 1060.74 | 33.710 | 8.110 |

图 7.4　艾比湖水深示意线

数据(博州水文公报,前文有述)计算出尾闾湖泊的生态需水量为 3.98 亿 m³。

(2)蒸发-降水法

根据前人的相关研究成果,艾比湖水面蒸发多年的均值为 1306.5 mm,将湖泊多年 4—10 月的面积取均值,为 733.22 km²,降水量采用湖区附近阿拉山口、精河、塔斯海气象站三站多年的平均值,为 107.2 mm。将上述数据代入公式(2.46)中,计算出 WL 值为 4.39 亿 m³,此值即为根据降水-蒸发法计算湖泊的生态需水量。

## 7.2.3　河道生态需水量估算

(1)河道最小生态需水量法

基于流域精河山口、温泉、博乐等水文站点 1960—2015 的多年逐月的径流资料,利用水文频率分析软件(CurveFitting),绘制不同来水频率与径流量的曲线(图 7.5),取 90%保证率的最枯月平均流量之和,即得出精河、博河径流的最小生态需水量,其值为 0.49 亿 m³。采用近 10 年最枯月平均流量法计算出入湖口河道的最小生态需水量为 0.26 亿 m³,总计为 0.75 亿 m³。

(2)河道适宜生态需水量法——Tennant 法

根据 1957—2015 年间的各水文站的逐月径流和 1989—2015 年的入湖量数据(前文有分析),将汛期内流量以 20%为保证率(如精河山口的 6—9 月和博河的 12 月—次年 3 月),非汛期则以 10%为保证率。基于公式(2.47)—(2.53),分别计算天然和入湖口河道的适宜生态需水量,其值分别为 2.38 亿 m³ 和 0.84 亿 m³,流域河道的总生态需水量为 3.22 亿 m³。

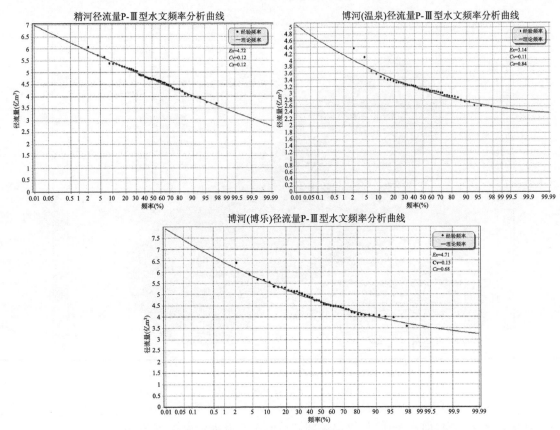

图 7.5　艾比湖流域各水文站点年径流量频率分布曲线(P-Ⅲ曲线)

### 7.2.4　人工植被生态需水量估算

由于人工植被面积小且分散,遥感影像也难以提取,其生态需水采用需水定额与统计面积相乘(面积定额法)而进行估算。

(1)防护林生态需水量估算

流域的防护林主要包括农田周边的防护林和保障流域生态安全的公益林,如防风基干林、三北防护林等。农田防护林生态需水定额参考郭斌(2013)、姚俊强(2015)等的研究成果,将其值定为 3945 $m^3$/万 $m^2$,由博州林业局 2000—2015 年的统计数据可知,农田防护林的面积均值为 0.72 亿 $m^2$,根据公式(2.54),可得其生态需水的估算值为 0.28 亿 $m^3$。

(2)苗木经济林需水量估算

苗木经济林主要为生态苗木、绿化苗木、花卉等。苗木经济林生态需水定额参考贾宝全等(2008)、郭斌(2013)、许龙(2015)等的研究成果,将其值定为 5250 $m^3$/万 $m^2$,由博州园艺及林业部门 2000—2015 年的统计数据可知,苗木经济林的均值面积为 0.21 亿 $m^2$,根据公式(2.54),可得其生态需水的估算值为 0.11 亿 $m^3$

(3)园林绿地生态需水量

园林绿地主要指各小区、街道及主干道两侧、公园等需要绿化、喷洒水的道路、树种及草类。园林绿地的生态需水定额可参照苗木经济林的标准,即将其值定为 5250 $m^3$/万 $m^2$,由博州环境和卫生部门 2000—2015 年的统计数据可知,园林绿地的均值面积为 0.22 亿 $m^2$,根据式(2.54),可得其生态需水的估算值为 0.12 亿 m³。

将以上三项防护林、苗木经济林和园林绿地的生态需水之和累加,可得艾比湖流域年均人工植被的生态需水量,其值为 0.51 亿 m³。

### 7.2.5 流域生态需水总量估算

由于不同方法估算出的生态需水量有所差异,可以各生态需水项的数值设定在一定的区间范围内进行比较分析(表 7.1)。

**表 7.1 艾比湖流域天然及人工植被、河道及入湖口、尾闾湖的生态需水量(亿 m³)**

| 需水类型 | 天然植被 | 艾比湖 | 人工植被 | 河道 | 流域整体 |
|---|---|---|---|---|---|
| 需水量 | 4.82~5.01 | 3.98~4.39 | 0.51 | 0.75~3.22 | 10.06~13.13 |

由表 7.2 可知,天然植被与尾闾-艾比湖两者采用不同方法估算出的生态需水量的差值并不大,分别为 0.19 亿 m³ 和 0.41 亿 m³,河道与入湖口的最小生态需水量与其适宜生态需水量之间的差值较大,为 2.47 亿 m³,这是由于最小与最适宜的河道生态需水保证率的差异造成,流域的总体生态需水量在 10.06 亿~13.13 亿 m³。其中,天然植被的生态需水量最大,天然草地的生态需水量占绝对的比例,这是由于草地的蒸发、需水定额和面积都远大于林地;尾闾—艾比湖的生态需水量也在 3.98 亿~4.39 亿 m³,表明湖泊的缺水情况非常严重,这也导致了湖区附近的生态环境长期处于逆向演化的状态;河道的最小生态需水量为 0.75 亿 m³,此值是为保障天然河道和入湖口河道不发生断流的最小值,若要河道水生态系统不发生紊乱和两岸的植被不发生明显退化,应以适宜的河道生态需水量(3.22 亿 m³)为保障;人工植被的生态需水量较小(0.51 亿 m³),但其为保护和美化生态环境起着重要的作用,尤其是防护林的生态需水量需要着重考虑。防护林生长所需要的水分主要来自农田灌溉的下渗和侧渗形成的土壤水以及地下水,由于流域长期的地下水开采导致水位下降,部分农田周围的防护林因为缺水而干枯衰败,已经起不到减轻风沙灾害、增加作物产量和农田湿度的作用。总体来看,各生态需水项的估算结果与流域的实际情况较为吻合,这也说明了本章采用生态需水的估算方法是适用于艾比湖的。

## 7.3 流域水资源可持续利用的策略及途径

分析可知,艾比湖流域生态需水量在 10.06 亿~13.13 亿 m³ 间,若加上工农业、生活用水量,已经远远超过流域的可供水量。水资源供需矛盾非常突出,各类生态用水得不到保障,在未来气候变化和人类活动影响加剧的情景下,流域的水资源利用状况将更为堪忧,生态环境将持续退化! 为此,拟提出如下保障流域水资源可持续利用的策略和建议。

(1)严格执行三条"红线"制度并将其作为考核标准

流域的农业用水量大、灌溉面积过高是水资源分配不均衡、生态用水无法保障的重要原因。为了确保水资源安全,新疆维吾尔自治区宣布从 2013 年起严格实施水资源利用的"三条红线"(水量、水质和用水效率)。按照新疆维吾尔自治区下达给博尔塔拉蒙古自治州(简称"博州")的"三条红线"任务指标:到 2020 年,博州的农业用水量降低至 12.12 亿 m³,地下水的开采量降低至 3.65 亿 m³,减地 1.53 万 hm²,全州年用水总量控制在 14.26 亿 m³ 以内,万元地区生产总值用水量、万元工业增加值用水量分别降至 450 m³ 和 65 m³，以及划定流域水功能区并严格执行排污标准。流域的水资源管理机构应严格遵循三条"红线"制度(王浩,2011)，并将其作为考核机制而层层落实。

(2)对流域的水量及水权进行重分配

流域大部分的水资源转移都没有明确水权，供应者和受益人较为模糊，用于灌溉作物的水量数据也不精准，无法准确评估水资源利用的成本及效益，这导致水的供应者和水用户间出现不公平的社会经济后果(邓晓雅 等,2013;王浩 等,2008)。为此，应在流域层面制定规章、制度、条例等，支持水权转移，对水权交易者给予福利、更好的补偿机制，实现水资源的共享和再分配。

在艾比湖流域，首先，可以让水用户积极参与地表水和地下水分配和使用的规则制定。拥有水权的人有权进入水法庭编写、修改、执行和消除现有的水权规则;其次，鼓励在流域内部租赁水权，运营"水银行"，在水资源稀缺期，允许更多的水用于更高价值的用途。

(3)推进水市场交易和水价改革

当前，流域大部分的水在常规市场上是不能被交易的。在艾比湖流域，春季灌溉占灌溉总量的 35% 以上，但春季的水短缺是一个持续严重的问题，导致农业生产大幅减少，为此，可以考虑通过从其他水量多且用不完的单位进行水交易。

流域目前的水价普遍偏低，提升水价通常被认为是鼓励节约用水的一种方式，水市场改革可能会造成更多的损失，但在很大程度上可以遏制流域随意浪费用水的现象。另外，在用水过程中，还应积极推行阶梯水价，完善水资源收费和处罚力度。

(4)实施水资源统一管理及生态调度

在艾比湖流域，水资源主要由行政划分，而不是依据分水岭。不同水利益群体都将水看作"公共物品"，从自身的角度出发进行利用。如水利部门负责管理和分配水资源给各用水部门，但在满足不同利益相关者的需要和需求方面，协调非常困难。如农业部门不愿意降低灌溉水平，将多余的水用来保护天然绿洲的生态用水;环境保护部门则认为天然生态系统作为防沙治沙的屏障，应该比其他水用户享有更高的优先地位;流域管理处则主要考虑灌区的水分配带来的农业经济效益，忽略其他因素……这导致流域的水资源处于无序的管理状态。

塔里木河流域的生态调度已实施了 10 多年，流域的生态环境出现了明显的好转。其成果在于流域将干流管理局与各分局整合，节约了大量的水用于生态(邓铭江 等,2016)。艾比湖流域可效仿塔里木河流域管理的先进经验，采取行政手段，成立协调博州、县(市)与兵团第五师水资源事务的水资源协调管理委员会，对流域地表水和地下水集中统一管理，建立流域水资源的动态监测和预警体系，并长期对艾比湖进行生态注水。

(5)建设山区地下水库

由艾比湖流域的水文地质构造可知，在温泉至博乐市小营盘西地带存在着一个巨大的地下水储水构造带，净储量在 80.26 亿 m³ 以上，是一个良好的天然地下水库(图 7.6)。温泉山区的降雨量大，对地下水的补给较为容易。该储水构造带在上游区埋藏较深，径流速率快，在下游区部分的地下径流可以补给多个含水层形成潜水、承压水补给艾比湖。另外，考虑到绿洲和荒漠的蒸发量强烈，修建地下水库可以减少大量的无效蒸发，节约水资源(李旺林,2012;邓铭江 等,2014;邓铭江,2010;乔晓英 等,2005)

(6)大力发展节水技术，提高灌溉水利用率

长期以来，艾比湖流域的水利设施较为落后，大水漫灌方式也导致水资源的损耗巨大。流

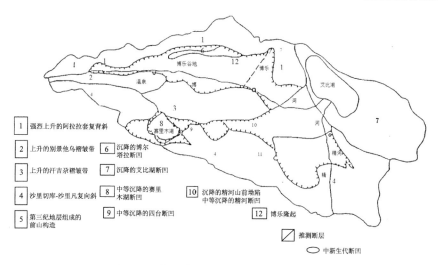

图 7.6　艾比湖流域水文地质构造示意图

域当前的灌溉水利用系数仅为 0.58,还有很大的提升空间。因此,应抓住土地整治和高标准农田建设的良好契机,大力发展田间节水设施及技术如喷灌、滴灌、根灌、渗灌等,这可以大幅提高农水的利用率,降低灌溉定额,从根本上节约灌溉用水。另外,农户用水的减少也可以减轻其生计压力。

(7)多渠道开发利用水资源

根据专家论证,艾比湖流域的山区可营林面积在 1.62 万 km² 左右。如果形成水源涵养林,有可能比现在的年降水量增加近 1/4。由于新疆有空中水资源的巨大潜在开发优势,可以在流域的上游水汽聚水区建立山区人工增水区。在年 6—8 月夏季径流的峰值期和 12 月至次年 3 月冬春雨雪水汽较为丰富的时期,实施人工影响天气工程可以显著增加流域的降水量,进而增加河流的径流量。另外,还可以考虑从新疆水资源较为丰富的区域实施跨流域调水来补给艾比湖流域。

(8)实施污废水资源化、微咸水灌溉工程

艾比湖流域污废水处理的技术、规模和市场还有很大的发展空间,在发展循环经济和清洁生产的要求下,可以考虑在流域实施废水资源化工程,多重利用非常规水资源;另外,这对流域下游的碱化土地,可以考虑发展盐土农业,实施微咸水灌溉,建设人工湿地示范工程,这也是解决流域水危机的一条途径。

# 7.4　本章小结

(1)将流域的生态需水项分为:天然植被、尾闾湖泊、河道和人工植被,并分别采用面积定额法、遥感蒸散发法、降水-蒸发法、Tennant 法等进行了估算。各项生态需水量的估算值依次为:天然植被:4.82 亿～5.01 亿 m³;艾比湖:3.98 亿～4.39 亿 m³;人工植被:0.51 亿 m³;河道:0.75 亿～3.22 亿 m³,流域整体的生态需水量在 10.06 亿～13.13 亿 m³。

(2)为保障流域的水资源可持续利用及生态安全,提出建设山区地下水库、发展节水技术、实施微咸水灌溉、多渠道开发利用水资源等相关的对策及建议。

# 第8章 结论与展望

## 8.1 研究结论

本文以新疆西北部的艾比湖流域为研究区,基于水文、气象、土地利用、植被、社会经济以及相关的文献资料和数据,采用数理统计、遥感、GIS 结合实地调查、生态监测等方法,分析了气候因子和人类活动影响下,1960—2015 年间流域地表径流、绿洲灌区社会经济用水和入湖水量的变化特征;探讨了水资源变化引发的主要生态安全问题,并从生态服务价值的视角进行了评价,估算了维系流域生态安全的生态需水量;提出了实现流域水资源可持续利用的相关策略。主要研究结论如下。

(1)对近 60 年精河山口、温泉和博乐三个水文站的径流、绿洲灌区用水和四个入湖口(90 团 4 连大桥、82 团养殖场大桥、五支渠和总排)入湖量的变化特征进行分析,认为:精河山口站由于受上游拦河水库、矿业开发等人类活动的强烈影响,总体径流量有减小的趋势;温泉站和博乐站的径流量则有略微增加的趋势,两站径流均在 1997 年发生突变,精河山口、温泉站的年径流主要集中在 6—8 月,而博乐站集中在 11 月至次年 3 月。灌区的水资源变化特征为:灌区的引水量不断加大,地下水的开采量逐渐增加,农业用水的比例始终在总用水量的 95% 之上。其中,粮食作物和棉花是最大的耗水项,工业、生活和生态环境用水比例较小,用水量的多年均值未超过 1.00 亿 m³。入湖水量的变化特征为:入湖水量总体呈波动式的减少趋势,四个入湖口的月变化特征分别与各自的源流年内变化规律相似,如 82 团养殖场大桥的入湖量来自精河,其夏季的流量大,冬春季则小;而 90 团 4 连大桥、五支渠和总排的入湖量来自博河,冬春季流量大,夏季小。在夏季用水的高峰期时,由于农业灌溉用水量的不断加大,导致夏季入湖的流量比冬季减少很多,如总排和五支渠站在部分年的 6—10 月发生断流没有水注入艾比湖,由于湖泊来水量的减少,导致了湖泊面积的严重萎缩。

(2)1960—2015 年,艾比湖流域的气温、降水量和实际蒸散发均呈显著的增加趋势,潜在蒸散发量则呈减小趋势。其中,气温变化特征为:博乐站的增暖趋势最大,为 0.38 ℃/10 a,其次是精河站和阿拉山口站,分别为 0.29 ℃/10 a 和 0.24 ℃/10 a,而温泉站增暖趋势最小,为 0.15 ℃/10 a。表明山区的增暖趋势和幅度较小,而绿洲和平原地区增暖幅度和趋势较大;降水变化特征为:温泉站增加趋势最大,增加速率为 19.9 mm/10 a,其次是博乐站,为 13.5 mm/10 a,精河站增速最小,为 6.9 mm/10 a,表明山区的降水量增加最为显著;潜在蒸散发量变化特征为:阿拉山口站减小趋势最大,为 −43.3 mm/10 a,精河站和温泉站减小趋势相近,分别为 −25.8 mm/10 a 和 −21.8 mm/10 a;实际蒸散发量变化特征为:温泉站增加趋势明显,增加率为 19.8 mm/10 a,博乐站次之,为 13.3 mm/10 a,精河站的增加最少,为 7.1 mm/10 a。气温和降水的变化对流域的径流量影响显著,但降水的影响更为显著。采用气候敏感法对径流变化的归因进行了定量甄别。其中,在精河山口、温泉和博乐水文站,因气候变化引起的径流变化贡献率分别为 46.87%、58.94% 和 51.10%,人类活动引起径流变化的贡献率则分别为 53.13%、41.06% 和 48.90%。

(3)基于 SWAT 模型并结合 CMADS,在精河山口和温泉水文站进行径流模拟,取得了较为理想的模拟结果。在逐月尺度上,温泉水文站和精河水文站 CMADS+SWAT 率定期的 NSE 效率系数分别为 0.79 和 0.87,在验证期的效率系数分别为 0.71 和 0.82;在逐日尺度上,CMADS 在两个水文站点的 NSE 效率系数在 0.69~0.77。通过设置 8 种气候变化情景模拟径流过程发现,气温升高会导致融雪期提前,春、夏季的径流增加显著,降水量的增加使得流域年内峰值期的径流量也显著增加,气温的降低和降水的减少将导致径流的明显减小。通过设置 3 种不同的土地利用变化情景发现,流域内耕地面积的增加和水域面积减少,会导致年径流量减少,而草地、林地和灌木林面积的减少则引起汛期径流量更加集中。

(4)流域由于水资源利用方式、水循环的改变引发了一系列生态安全问题,主要表现为:荒漠化加剧、尾闾湖干缩、植被退化、入湖口断流,地下水位下降和水质恶化等。其中,1990—2015 年间,冰雪地、草地、湖泊和河流的面积显著较少,减少值分别为 9.27 km²、2117.13 km²、112.89 km² 和 10.69 km²;同一时期内,裸地、盐碱地和沙地的面积则分别增加 304.87 km²、112.94 km² 和 22.54 km²;近 65 年,尾闾湖面积减少了 770 km²,芦苇衰亡了近 93%,荒漠林仅剩 4.22 万 hm² 保持完整,剩余植被正以近 4030 hm²/a 的速度向沙漠化方向转变;入湖口的五支渠站和总排站在用水高峰期的 6—10 月,长期发生断流,导致进入艾比湖的水量减少;近 25 年,州水文局北 200 m、州客运公司、青德里乡水管所的长期观测地下水位均呈明显的下降趋势,下降值分别为 2.50 m、4.60 m 和 7.08 m,平原泉群的流量大幅度减少,部分泉溪已断流;出山口水文站和艾比湖区的矿化度、总磷值均有大幅增加,湖区的水质已接近富营养化状态。采用修正的 Constanza 模型对流域 1990—2015 年间的生态服务价值(ESV)变化进行了评价,认为耕地、林地、建设用地和未利用地的总体呈增加趋势,其中,耕地的 ESV 增加值最多,为 123663.87 万元,而草地和水域的 ESV 总体则呈减少趋势,其减少值分别为 148835.21 万元和 54165.72 万元,流域的生态服务价值总体上表现为大幅下降,净减少 65930.46 万元。

(5)将流域的生态需水项分为:天然植被、尾闾湖泊、河道和人工植被,并分别采用相关的方法进行了估算。其中,采用遥感蒸散发法和面积定额法估算天然植被生态需水量值分别为 4.82 亿 m³ 和 5.01 亿 m³,采用生态水位法和蒸发-降水法估算的尾闾湖泊生态需水量值分别为 3.98 亿 m³ 和 4.39 亿 m³,采用河道最小生态需水量法和河道适宜生态需水量法(Tennant)估算河道生态需水量分别为 0.75 亿 m³ 和 3.22 亿 m³,采用面积定额法估算人工植被生态需水量值为 0.51 亿 m³,流域的生态需水总量在 10.06 亿~13.13 亿 m³。

(6)从维系流域的生态安全和水资源可持续利用的角度出发,提出严格落实"三条红线"制度、重新分配流域的水量及水权、改革水价并推行水市场交易、对流域的水资源实施统一管理并适时进行生态调度、建设山区地下水库、发展节水技术以提高灌溉水利率、多渠道的开发利用水资源、实施污废水回收利用及发展微咸水灌溉等相关的对策及建议。

## 8.2　不足与展望

(1)受制于数据资料的有限性以及研究方法和技术条件不足等原因,本书的部分研究结论还需进一步深化和凝练。如本文的气象、水文数据主要基于 1960—2015 年间的相关站点资料,得出的关于径流演变周期、突变点和变化趋势均与时间尺度有很大的关系;SWAT 模型＋CMADS 在月值的模拟中结果尚好,在日值模拟方面还存在缺憾;量化气候变化与人类活动引起的径流变化、利用同位素技术研究流域地表水和地下水的相互转化关系及产汇流机制等科学问题还尚未涉及……倘若有更长时间序列的数据资料和更好的研究方法和条件,得出的结论将更具有全面性和说服力。

(2)"以水定地、以水定绿洲"是维护绿洲生态安全的基础,由于绿洲迅速扩张引发的农业耗水过大、生态用水无法保障是导致绿洲生态系统不稳定的关键原因所在。然而,由于研究尺度、对象和区域差异等原因,目前对于生态需水的估算,不同方法得出的值差异较大,因此,采用科学、适宜的方法估算干旱区流域的生态需水量是一个重要的科学问题;另外,生态需水如何有效实施并保障其不被占用也是一个现实、重要的问题,这也是本研究的下一步工作。

(3)人类活动是造成干旱区生态系统退化的重要诱因,气候变化则加剧了这种情形,随着人口增长和社会经济发展对水资源需求的刚性增加,干旱区未来水资源短缺的问题将愈发严峻。在现有的水资源量、气候条件和人类干扰下,实现水资源在各行业和各领域中的合理、优化配置和供需平衡,是今后研究工作的重要方面;另外,在水资源的利用、管理方面,实施阶梯水价、水市场交易和确定水权将对流域取水、用水的各个环节产生重大影响,也是水资源有效管理的重要手段和举措,今后,需要加强这两方面的研究。

(4)干旱区的"四水"转化关系较为复杂,如山区径流来水、绿洲农田耗水和荒漠生态需水的准确估算、预测和模拟等研究都具有很大的不确定性,虽然相关的研究已较多,但目前还没有比较系统、成熟的方法可以借鉴。本研究仅在流域的上游进行了水文情景模拟,事实上,掌握流域中、下游,即绿洲灌区和尾闾湖区的水资源变化规律也非常重要。受气候波动的影响,未来水资源变化的不确定性将有所增加,这需要大量、精细的数据和先进的研究手段及方法来支撑研究。而艾比湖流域地域广阔且站点稀少,所能提供的相关研究资料有限,因此,未来应加强相关数据的采集、监测和管理;同时,深化对干旱区陆表过程的认识和模拟,构建多尺度、多情景的水文模型,达到预估干旱区水循环规律和水资源变化趋势的目的。

# 参考文献

白淑英,王莉,史建桥,等,2013.基于 SWAT 模型的开都河流域径流模拟[J].干旱区资源与环境,27(9):79-84.

包安明,穆桂金,章毅,等,2006.控制艾比湖干涸湖底风蚀的合理水面估算与效果监测[J].科学通报(S1):56-60.

陈伏龙,王怡璇,吴泽斌,等,2015.气候变化和人类活动对干旱区内陆河径流量的影响——以新疆玛纳斯河流域肯斯瓦特水文站为例[J].干旱区研究,32(4):692-697.

陈亚宁,徐长春,杨余辉,等,2009.新疆水文水资源变化及对区域气候变化的响应[J].地理学报,64(11):1331-1341.

陈亚宁,徐宗学,2004.全球气候变化对新疆塔里木河流域水资源的可能性影响[J].中国科学:D辑,34(11):1047-1053.

程建民,陈永娟,2018.内陆河流黑河生态环境需水量计算方法研究[J].水利规划与设计,3:29-33.

邓铭江,2010.干旱区坎儿井与山前凹陷地下水库[J].水科学进展,21(6):748-756.

邓铭江,李文鹏,李涛,等,2014.新疆地下储水构造及地下水库关键技术研究[J].第四纪研究,34(5):918-932.

邓铭江,周海鹰,徐海量,等,2016.塔里木河下游生态输水与生态调度研究[J].中国科学:技术科学,46(8):864-876.

邓伟,何岩,1999.水资源:21世纪全球更加关注的重大资源问题之一[J].地理科学,19(2):97-101.

邓晓雅,2013.塔里木河生态输水与胡杨林生态恢复关系研究[D].北京:北京师范大学.

邓晓雅,杨志峰,龙爱华,2013.基于流域水资源合理配置的塔里木河流域生态调度研究[J].冰川冻土,35(6):1600-1609.

丁渠,2008.我国古今水事纠纷解决方法的比较研究[J].中国农村水利水电(2):59-61.

丁一汇,2008.人类活动与全球气候变化及其对水资源的影响[J].中国水利(2):20-27.

董晴晴,占车生,王会肖,等,2016.2000年以来的渭河流域实际蒸散发时空格局分析[J].干旱区地理,39(2):327-335.

董煜,2016.艾比湖流域气候与土地利用覆被变化的径流响应研究[D].乌鲁木齐:新疆大学.

段建平,王丽丽,任贾文,等,2009.近百年来中国冰川变化及其对气候变化的敏感性研究进展[J].地理科学进展,28(2):231-237.

傅抱璞,1996.山地蒸发的计算[J].气象科学,16(4):328-335.

高前兆,樊自立,2002.塔里木河流域的环境治理与水土保持生态建设[J].水土保持学报,16(1):11-15.

宫恒瑞,2005.基于遥感技术的艾比湖地区荒漠化监测研究[D].乌鲁木齐:新疆农业大学.

郭斌,2013.开都-孔雀河流域供需水平衡与模拟预测[D].乌鲁木齐:中国科学院新疆生态与地理研究所.

郭铌,张杰,梁芸,2003.西北地区近年来内陆湖泊变化反映的气候问题[J].冰川冻土,25(2):211-214.

何学敏,秦璐,吕光辉,等,2017.新疆艾比湖流域干旱荒漠区湿地表能量收支特征[J].生态学杂志,36(2):309-317.

贺添,邵全琴,2014.基于 MOD16 产品的我国 2001—2010 年蒸散发时空格局变化分析[J].地球信息科学,16

（6）：979-988.

胡汝骥，姜逢清，王亚俊，等，2002.新疆气候由暖干向暖湿转变的信号及影响[J].干旱区地理，25（3）：194-200.

胡汝骥，姜逢清，王亚俊，等，2005.亚洲中部干旱区的湖泊[J].干旱区研究，22（4）：424-450.

黄勇，周志芳，王锦国，等，2002.R/S 分析法在地下水动态分析中的应用[J].河海大学学报，30（1）：83-87.

贾宝全，1997.保护艾比湖生态环境的目标与途径的探讨[J].干旱区资源与环境，11（2）：81-87.

贾宝全，慈龙骏，2000.新疆生态用水量的初步估算[J].生态学报，20（2）：243-250.

贾宝全，王成，马玉峰，等，2008.湖南省不同区域及其林业用地的景观格局特征[J].干旱区地理（4）：580-587.

贾春光，王晓峰，金海龙，等，2006.新疆艾比湖湖面动态变化及其影响研究[J].干旱区资源与环境，20（4）：152-156.

井云清，张飞，张月，等，2016.4 个时期艾比湖湿地国家级自然保护区植被覆盖度变化[J].湿地科学，14（6）：895-900.

赖正清，李硕，李呈罡，等，2013.SWAT 模型在黑河中上游流域的改进与应用[J].自然资源学报，28（8）：1404-1413.

雷志栋，杨诗秀，王忠静，等，2003.内陆干旱平原区水资源利用与土地荒漠化[J].水利水电技术，34（1）：36-40.

李宝富，陈亚宁，陈忠升，等，2012.西北干旱区山区融雪期气候变化对径流量的影响[J].地理学报，67（11）：1461-1470.

李栋梁，魏丽，蔡英，等，2003.中国西北现代气候变化事实与未来趋势展望[J].冰川冻土（2）：135-142.

李均力，盛永伟，骆剑承，2011.喜马拉雅山地区冰湖信息的遥感自动化提取[J].遥感学报，15（1）：36-43.

李旺林，2012.地下水库设计理论与工程实践[M].郑州：黄河水利出版社：310-334.

李香云，章予舒，王立新，等，2002.塔里木河干流下游地下水特征分析[J].干旱区资源与环境，16（2）：27-31.

李艳红，2006.新疆艾比湖流域水资源承载力研究[D].上海：华东师范大学.

李元红，孙栋元，胡想全，等，2013.黑河流域水资源管理模式研究[J].水资源与水工程学报，24（2）：62-66.

凌红波，徐海量，樊自立，等，2012a.基于生态经济功能区划的玛纳斯河流域生态服务价值评价[J].冰川冻土，34（6）：1535-1543.

凌红波，徐海量，刘新华，等，2012b.新疆克里雅河流域绿洲适宜规模[J].水科学进展，23（4）：563-568.

凌红波，徐海量，张青青，等，2011.新疆塔里木河三源流径流量变化趋势分析[J].地理科学，31（6）：728-733.

刘昌明，2002.二十一世纪中国水资源若干问题的讨论[J].水利水电技术，33（1）：15-19.

刘昌明，王红瑞，2003.浅析水资源与人口，经济和社会环境的关系[J].自然资源学报，18（5）：635-644.

刘时银，丁永建，张勇，等，2006.塔里木河流域冰川变化及其对水资源影响[J].地理学报，61（5）：482-490.

刘时银，姚晓军，郭万钦，等，2015.基于第二次冰川编目的中国冰川现状[J].地理学报，70（1）：3-16.

刘新华，徐海量，凌红波，等，2012.塔里木河干流河道生态需水量研究[J].干旱区研究，29（6）：984-991.

罗格平，周成虎，陈曦，2003.干旱区绿洲土地利用与覆被变化过程[J].地理学报，58（1）：63-72.

马宏伟，2011.石羊河流域蒸散发遥感反演及生态需水研究[D].兰州：兰州大学.

马倩，孙虎，昝梅，2011.新疆艾比湖生态脆弱区生态服务价值对土地利用变化的响应[J].地域研究与开发，30（4）：112-116.

孟现勇，2016.基于改进的 CLDAS 驱动 CLM3.5 及 SWAT 模式的陆分量模拟及验证[D].乌鲁木齐：新疆大学.

孟现勇，吉晓楠，孙志群，等，2014.天山北坡中段融雪径流敏感性分析——以军塘湖流域为例[J].水土保持通报，34（3）：277-282.

孟现勇，师春香，刘时银，等，2016.CMADS 数据集及其在流域水文模型中的驱动作用-以黑河流域为例[J].人民珠江，37（7）：1-19.

孟现勇,王浩,蔡思宇,等,2017.大气、陆面与水文耦合模式在中国西北典型流域径流模拟中的新应用[J].水文,37(6):15-22.

孟现勇,王浩,雷晓辉,等,2017.基于 CMDAS 驱动 SWAT 模式的精博河流域水文相关分量模拟、验证及分析[J].生态学报,37(21):7114-7127.

裴益轩,郭民,2001.滑动平均法的基本原理及应用[J].火炮发射与控制学报,1:21 23.

钱亦兵,吴兆宁,蒋进,等,2004.近 50a 来艾比湖流域生态环境演变及其影响因素分析[J].冰川冻土,26(1):7-26.

乔晓英,王文科,陈英,等,2005.天山北麓蓄水构造模式与水循环特征[J].地球科学与环境学报,27(3):33-37.

秦伯强,1999.近百年来亚洲中部内陆湖泊演变及其原因分析[J].湖泊科学,11(1):11-19.

覃新闻,2011.塔里木河流域水资源管理体制与机制探讨[J].中国水利(8):23-25.

热孜宛古丽·麦麦提依明,2016.艾比湖流域蒸散时空变化及遥感估算[D].乌鲁木齐:新疆大学.

桑燕芳,王中根,刘昌明,2013.小波分析方法在水文学研究中的应用现状及展望[J].地理科学进展,32(9):1413-1422.

施能,1995.气象科研与预报中的多元分析方法[M].北京:气象出版社:2-4.

施雅风,沈永平,胡汝骥,2002.西北气候由暖干向暖湿转型的信号、影响和前景初步探讨[J].冰川冻土(3):219-226.

石伟,王光谦,2002.黄河下游生态需水量及其估算[J].地理学报,57(5):595-602.

史培军,宫鹏,李晓兵,等,2000.土地利用/土地覆盖变化研究的方法与实践[M].北京:科学出版社.

苏宏超,巴音查汗,庞春花,2006.艾比湖面积变化及对生态环境影响[J].冰川冻土,28(6):941-948.

苏琴,2015.艾比湖水质时空变化及其管理对策研究[D].乌鲁木齐:新疆农业大学.

苏向明,刘志辉,魏天锋,等,2016.艾比湖面积变化及其径流特征变化的响应[J].水土保持研究,23(3):252-256.

孙福宝,2007.基于 Budyko 水热耦合平衡假设的流域蒸散发研究[D].北京:清华大学.

汤奇成,程天文,李秀云,1982.中国河川月径流的集中度和集中期的初步研究[J].地理学报,37(4):383-393.

陶辉,宋郁东,邹世平,2007.开都河天山出山径流量年际变化特征与洪水频率分析[J].干旱区地理,30(1):43-48.

王成,赵万民,谭少华,2009.基于生态服务价值评价的局地土地利用格局厘定[J].农业工程学报,25(4):221-229.

王浩,2011.实行最严格水资源管理制度关键技术支撑探析[J].中国水利(6):28-29+32.

王浩,党连文,谢新民,等,2008.流域初始水权分配理论与实践[M].北京:中国水利水电出版社:89-96.

王建鹏,崔远来,2009.基于改进 SWAT 模型的区域蒸发蒸腾量模拟[J].武汉大学学报(工学版),42(5):605-613.

王璐,刘新平,2011.艾比湖流域土地利用变化及其生态响应分析[J].新疆农业科学,48(5):896-902.

王前进,巴音查汗,马道典,等,2003.艾比湖水面近 50a 变化成因分析[J].冰川冻土,25(2):224-228.

王让会,游先祥,2001.西部干旱区内陆河流域脆弱生态环境研究进展[J].地球科学进展,16(1):39-44.

王圣杰,张明军,李忠勤,等,2011.近 50 年来中国天山冰川面积变化对气候的响应[J].地理学报,66(1):38-46.

王中根,刘昌明,黄友波,2003.SWAT 模型的原理、结构及应用研究[J].地理科学进展,22(1):79-86.

王忠静,王海峰,雷志栋,2002.干旱内陆河区绿洲稳定性分析[J].水利学报(5):26-30.

魏天锋,2015.基于 SEBAL 模型的博尔塔拉河流域典植被生态需水估算[D].乌鲁木齐:新疆大学.

毋兆鹏,2008.艾比湖流域绿洲稳定性研究[J].干旱区资源与环境,22(6):44-50.

吴敬禄,林琳,2004.新疆艾比湖湖面波动特征及其原因[J].海洋地质与第四纪地质,24(1):57-60.

吴佩钦,2005. 近20年来艾比湖逐月水量变化分析及未来变化趋势预测[D]. 乌鲁木齐:新疆师范大学.

武进军,童康玉,罗爱涓,2003. 新疆艾比湖水域面积减小原因与生态环境治理初步探讨[J]. 水利技术监督,5: 29-33.

夏军,陈曦,左其亭,2008. 塔里木河河道整治与生态建设科学考察及再思考[J]. 自然资源学报,23(5): 745-753.

肖生春,肖洪浪,2008. 黑河流域水环境演变及其驱动机制研究进展[J]. 地球科学进展,23(7):748-755.

谢高地,鲁春霞,成升魁,2001. 全球生态系统服务价值评估研究进展[J]. 资源科学(6):5-9.

谢正宇,2006. 基于生态系统服务功能价值评估的新疆艾比湖湿地退化恢复措施研究[D]. 北京:北京师范 大学.

谢正宇,刘金博,张雪梅,2009. 艾比湖湖面对周缘农牧生态系统功能影响[J]. 干旱区地理,32(2):226-233.

邢坤,雷晓云,高凡,等,2017. 古尔图河气象水文要素变化特征与下游艾比湖生态的关系[J]. 水土保持学报, 31(4):345-350.

徐海量,叶茂,宋郁东,2007. 塔里木河源流区气候变化和年径流量关系初探[J]. 地理科学,27(2):219-224.

徐倩,2014. 基于遥感的精河流域多时相蒸散发研究[D]. 乌鲁木齐:新疆大学.

许龙,2015. 呼图壁河流域中下游地区生态需水与生态耗水研究[D]. 乌鲁木齐:新疆大学.

许威,2015. 近200年来艾比湖及其入湖水系变迁研究[D]. 西安:陕西师范大学.

许兴斌,王勇辉,姚俊强,2015. 艾比湖流域气候变化及对地表水资源的影响[J]. 水土保持研究(3):121-126.

许怡,高惠珠,2008. 水事纠纷的行政调解制度探析[J]. 地下水,30(3):122-124.

阎顺,1996. 艾比湖及周边地区环境演变与对策[J]. 干旱区资源与环境,10(1):30-37.

杨川德,1992. 艾比湖水资源利用的环境效应. 亚洲中部水资源研究[M]. 北京:科学技术文献出版社.

杨丽英,孙素艳,郦建强,等,2012. 水资源可持续利用与水资源管理[J]. 中国水利(23):92-96.

杨青,何清,李红军,等,2003. 艾比湖流域沙尘气候变化趋势及其突变研究[J]. 中国沙漠,23(5):503-508.

姚俊强,2015. 干旱内陆河流域水资源供需平衡与管理[D]. 乌鲁木齐:新疆大学.

叶朝霞,陈亚宁,张淑花,2017. 不同情景下干旱区尾闾湖泊生态水位与需水研究——以黑河下游东居延海为 例[J]. 干旱区地理,40(5):951-957.

叶茂,徐海量,乔木,等,2012. 温性荒漠草地蒿类半灌木合理需水量探讨[J]. 干旱区资源与环境,26(6): 121-125.

于恩涛,2008. 艾比湖流域大气水汽输送及植被变化气候响应研究[D]. 乌鲁木齐:新疆大学.

于雪英,江南,2003. 基于RS、GIS技术的湖面变化信息提取与分析-以艾比湖为例[J]. 湖泊科学,15(1): 81-84.

詹道江,叶守泽,2000. 工程水文学:第三版[M]. 北京:中国水利水电出版社.

张爱静,2013. 东北地区流域径流对气候变化与人类活动的响应特征研究[D]. 大连:大连理工大学.

张飞,王娟,塔西甫拉提·特依拜,等,2015. 1998—2013年新疆艾比湖湖面时空动态变化及其驱动机制[J]. 生态学报,35(9):2848-2859.

张建云,王国庆,贺瑞敏,等,2009. 黄河中游水文变化趋势及其对气候变化的响应[J]. 水科学进展,20(2): 153-158.

张静,任志远,2017. 基于MOD16的汉江流域地表蒸散发时空特征[J]. 地理科学,37(2):274-282.

张月鸿,吴绍洪,戴尔阜,等,2008. 气候变化风险的新型分类[J]. 地理研究(4):763-774.

赵景柱,1990. 景观生态空间格局动态度量指标体系[J]. 生态学报,10(2):182-186.

赵文智,程国栋,2001. 干旱区生态水文过程研究若干问题评述[J]. 科学通报(22):1851-1857.

郑红星,刘昌明,2003. 黄河源区径流年内分配变化规律分析[J]. 地理科学进展,22(6):585-590.

周海鹰,2014. 塔里木河流域水资源协调机制与综合管理[D]. 乌鲁木齐:中国科学院新疆生态与地理研究所.

左德鹏,徐宗学,2012. 基于SWAT模型和SUFI-2算法的渭河流域月径流分布式模拟[J]. 北京师范大学学报

（自然科学版）,48(5):490-496.

ABUDUWAILI J,GABCHENKO M V,XU J,2008. Eolian transport of salts——A case study in the area of Lake Ebinur (Xinjiang,Northwest China)[J]. Journal of Arid Environments,72(10):1843-1852.

ALLEN R G,PEREIRA L S,RAES D,et al,1998. Crop evapotranspiration:Guidelines for computing crop water requirements[M]//FAO Irrigation and Drainage Paper 56,Food and Agriculture Organization of the United Nations,Rome.

BRUTSAERT W,1982. Evaporation into the Atmosphere:Theory,History,and Applications[M]. Reidel-Kluwer D,Hingham,Mass.

BUDYKO M I,1974. Climate and life[M]. Academic Press.

CAMILO Mora,ABBY G Frazier,RYAN J Longman,et al,2013. The projected timing of climate departure from recent variability[J]. Nature,502:183-187.

DOOGE J C,BRUEN M,PARMENTER B,1999. A simple model for estimating the sensitivity of runoff to long-term changes in precipitation without a change invegetation[J],Advances in Water Resources,23(2):153-163.

ESTES C C,ORSBOM J F,1986. Review and analysis of methods for quantifying instream flow requirements [J]. Water Resources Bulletin,22:389-398.

GUO Bin,CHEN Yaning,SHEN Yanjun,et al,2013. Spatially explicit estimation of domestic water use in arid region of northwestern China:1985-2009[J]. Hydrological Sciences Journal,58 (1):162-176.

IPCC,2007. Summary for Policymakers of Climate Change:The Physical Science Basis. Contribution of Working Group I to the Fourth Assessment Report of the Intergovernmental Panel on Climate Change[M]. Cambridge:Cambridge University Press.

IPCC,2013. Climate change:The Physical Science Basis,Contribution of Working Group I to the Fifth Assessment Report of the Intergovernmental Panel on Climate Change[M]. Cambridge:Cambridge University Press.

JOYEETA Gupta,LOUIS Lebel,2010. Access and allocation in earth system governance:water and climate change compared[J]. International Environmental Agreements:Politics,Law and Economics,10(4).

KENDALL M G,1975. Rank correlation measures [M]. London:Charles Griffin.

LI B F,CHEN Y N,SHI X,et al,2013. Temperature and precipitation changes in different environments in the arid region of northwest China[J]. Theor Appl Climatol,112 (3-4):589-596.

LI L J,ZHANG L,WANG H,et al,2007. Assessing the impact of climate variability and human activities on streamflow from the Wuding River basin in China[J]. Hydrol Process,21:3485-3491.

MANN H B,1945. Nonparametric tests against trend [J]. Econometric Journal of the Econometric Society,13 (3):245.

MARIE Minville,FRANÇOIS Brissette,ROBERT Leconte,2010. Impacts and Uncertainty of Climate Change on Water Resource Management of the Peribonka River System (Canada),136(3):376-385.

MENG X,WANG H,LEI X,et al,2017. Hydrological modeling in the Manas river basin using soil and water assessment tool driven by cmads[J]. Tehnicki Vjesnik,24(2):525-34.

MENG X,WANG H,MENG X,et al,2017. Significance of the China meteorological assimilation driving datasets for the SWAT model (CMADS) of East Asia [J]. Water,9(10):765.

MU Qiaozhen,ZHAO Maosheng,STEVEN W Runnin,2011. Improvements to a MODIS global terrestrial evapotranspiration algorithm[J]. Remote Sensing of Environment,115:1781-1180.

NOAA,2013. http://www. ncdc. noaa. gov/data-access/paleoclimatology-data.

OHMURA A M,2002. Wild Is the hydrological cycle accelerating[J]. Science,298(5597):1345-1346.

SHEN Y J,OKI T,UTSUMI N,et al,2008. Projection of future world water resources under SRES scenarios: water withdrawal[J]. Hydrological Sciences Journal,53(1):11-33.

SHUTTLEWORTH W J, 1993. Evaporation [M]//Maidment D R. Handbook of Hydrology. 4. 1-4. 53. McGraw-Hill,New York.

SOLOMON S,QIN D,MANNING M,et al,2007. Observations:Surface and atmospheric climate change[M]// Climate Change:The Physical Science Basis. Contribution of Working Group I to the Fourth Assessment Report of the Intergovernmental Panel on Climate Change.

WANG Yuejian,LIU Zhihui,YAO Junqiang,et al,2017. Effect of climate and land use change in Ebinur Lake Basin during the past five decades on hydrology and water resources[J]. Water Resources,44(2):204-215.

WILK J,HUGHES D A,2002. Simulating the impacts of land-use and climate change on water resource availability for a large south Indian catchment[J]. Hydrological Sciences Journal,47(1).

ZHANG L,POTTER N,HICKEL K,et al,2008. Water balance modeling over variable time scales based on the Budyko framework Model development and testing[J]. Journal of Hydrology,360(1-4):117-131.

ZHOU Yuan,ZHANG Yili,KARIM C,et al,2009. Economic impacts on farm households due to water reallocation in China's Chaobai watershed[J]. Agricultural Water Management,96:883-891.